INTRODUCTION A L'ÉTUDE

DE LA

THERMODYNAMIQUE

PAR

R. BLONDLOT

PROFESSEUR A LA FACULTÉ DES SCIENCES DE NANCY,
CORRESPONDANT DE L'INSTITUT.

TROISIÈME ÉDITION, REVUE ET CORRIGÉE.

PARIS,

GAUTHIER-VILLARS ET Cie, ÉDITEURS,
LIBRAIRES DU BUREAU DES LONGITUDES, DE L'ÉCOLE POLYTECHNIQUE,
Quai des Grands-Augustins, 55.

[illegible]

INTRODUCTION A L'ÉTUDE

DE LA

THERMODYNAMIQUE

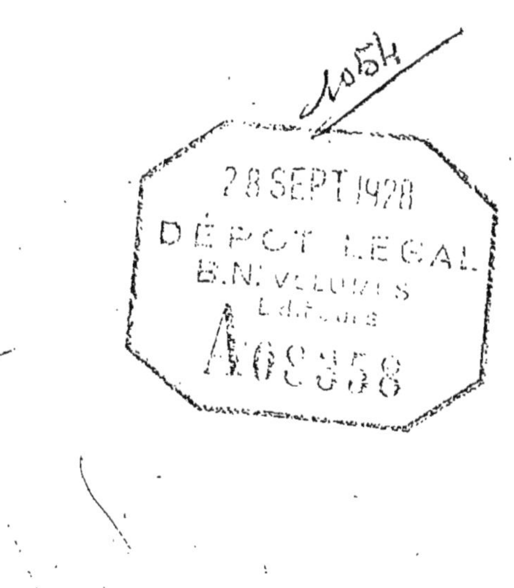

OUVRAGES DU MÊME AUTEUR

Rayons « N ». Recueil des Communications faites à l'Académie des Sciences avec des *Notes complémentaires* et avec Instruction pour la confection des écrans phosphorescents. In-16 (19×12) de VI-78 pages, avec figures; 1904 .... 5 fr.

Introduction à l'étude de l'Électricité statique et du magnétisme, rédigé avec la collaboration de E. Bichat, Doyen de la Faculté des Sciences de Nancy. 2e édition entièrement refondue. In-8 (23×14) de VIII-188 pages, avec 80 figures; 1907 .... 14 fr.

INTRODUCTION A L'ÉTUDE
DE LA
THERMODYNAMIQUE

PAR

R. BLONDLOT
PROFESSEUR A LA FACULTÉ DES SCIENCES DE NANCY
CORRESPONDANT DE L'INSTITUT

TROISIÈME ÉDITION, REVUE ET CORRIGÉE

PARIS
GAUTHIER-VILLARS ET Cie, ÉDITEURS
LIBRAIRES DU BUREAU DES LONGITUDES, DE L'ÉCOLE POLYTECHNIQUE
55, Quai des Grands-Augustins, 55.

—

1928

PRÉFACE
DE LA PREMIÈRE ÉDITION.

Ce petit Ouvrage a été écrit dans le but de venir en aide aux personnes qui abordent pour la première fois la Thermodynamique, et, en particulier, aux candidats à la licence ès sciences physiques. On s'est imposé la tâche de guider le débutant dans l'étude de la Thermodynamique, en lui traçant d'avance le plan d'ensemble de cette Science, lui montrant constamment le but à atteindre et lui indiquant le chemin pour y parvenir. On a particulièrement insisté sur l'origine expérimentale des deux principes de la Thermodynamique; la partie mathématique a été systématisée par l'emploi d'une méthode uniforme, de manière à réduire autant que possible le rôle de la mémoire.

La matière même du Livre a été puisée dans les Mémoires originaux et dans les Ouvrages didactiques sur le sujet, en particulier dans le Cours autographié de M. Lippmann. Dans l'exposé du principe de Carnot, ainsi que dans la définition et l'évaluation des températures absolues, on a suivi la marche indiquée par Sir W. Thomson et M. Lippmann, laquelle est, du reste, la plus conforme aux idées de Carnot lui-même. Quelques points ont été présentés d'une manière un peu différente de celle qui est généralement usitée : nous citerons la définition du travail extérieur, l'établissement rigoureux de l'expression de la quantité de chaleur absorbée par un corps lors d'une transformation infiniment petite quelconque, l'exposition des conditions de réversibilité.

L'auteur espère que ces Leçons donneront au lecteur la notion claire et précise des deux principes de la Thermodynamique et le mettront en état, non seulement de répondre aux questions d'examen, mais encore de faire lui-même l'application de ces principes à des cas qui n'ont pas été traités jusqu'à présent. Il serait heureux d'avoir réussi à rendre plus facile l'abord d'une science qu'il importe d'autant plus de rendre aisément accessible qu'elle se mêle à toutes les autres, et que, par suite, un grand nombre de personnes ont besoin d'en posséder les éléments.

R. B.

Nancy, 10 janvier 1888.

AVERTISSEMENT

CONCERNANT LES SECONDE ET TROISIÈME ÉDITIONS.

La seconde édition différait de la première par des changements de rédaction assez nombreux, quelques modifications dans l'ordre des matières, quelques retranchements et simplifications, quelques additions. Pendant le cours des vingt années qui se sont écoulées entre la première et la seconde édition, la Thermodynamique a été dix fois l'objet de l'enseignement de l'auteur; chaque fois, il a noté les améliorations qui se présentaient à son esprit lors de la préparation de ses leçons, pendant les interrogations qui les suivaient et au cours de ses lectures. Ces notes, examinées et discutées ensuite minutieusement, ont fourni la matière d'un premier remaniement. L'Ouvrage a été revu une seconde fois en vue d'une troisième édition. L'auteur ose espérer qu'il a gagné en précision et en clarté et que, malgré la difficulté des matières traitées, il n'est entaché d'aucune grave imperfection.

R. B.

Nancy, 25 novembre 1927.

PARIS. — IMPRIMERIE GAUTHIER-VILLARS et Cie
55, quai des Grands-Augustins, 55
82647-28

INTRODUCTION A L'ÉTUDE

DE LA

THERMODYNAMIQUE

PRÉLIMINAIRES.

Le théorème des forces vives nous apprend que, s'il était possible de construire une machine sans frottement ni aucune autre résistance passive, le travail utile recueilli serait égal au travail moteur dépensé, une fois le mouvement de la machine devenu uniforme.

On sait qu'il n'existe aucune machine remplissant ces conditions et que, dans le jeu de toute machine réelle, il entre des résistances passives de natures diverses qui rendent le travail utile plus petit que le travail moteur : ces résistances absorbent une certaine quantité de travail, qui est ainsi perdue au point de vue de l'utilisation de la machine.

Ce travail est-il absolument anéanti, ou bien est-il possible de trouver quelque chose à sa place ? Si l'on considère que, partout où il existe un frottement ou toute autre résistance passive, il se produit un dégagement de chaleur, on est conduit à penser que la seconde de ces suppositions est la vraie; cette production de chaleur lors de la disparition du travail fait pressentir qu'il doit exister des relations étroites entre les phénomènes mécaniques et les phénomènes calorifiques.

On est amené aux mêmes prévisions si l'on considère

une autre classe de machines, celles qui sont mises en mouvement au moyen de la chaleur : une machine à vapeur, par exemple, ne reçoit aucun travail moteur et néanmoins est apte à produire du travail aussi longtemps qu'on lui fournit du combustible. Ici nous voyons naître du travail; mais, de même que dans le premier cas, il y a un phénomène thermique concomitant. Des mesures calorimétriques montrent, en effet, qu'on ne retrouve, ni dans le condenseur, ni nulle part ailleurs, la totalité de la chaleur prise au foyer; un certain nombre de calories a disparu.

Ces deux exemples suffisent pour montrer qu'il doit exister des relations d'importance capitale entre les phénomènes mécaniques et les phénomènes calorifiques. L'étude de ces relations est l'objet de la *Thermodynamique*. Cette science repose sur deux principes : le *principe de l'équivalence de la chaleur et du travail*, et le *principe de Carnot;* l'un et l'autre sont fondés sur l'expérience et indépendants de toute hypothèse.

PLAN DU PRÉSENT OUVRAGE.

Nous étudierons successivement le principe de l'équivalence et le principe de Carnot. Cette étude comprendra, pour chacun d'eux, son énoncé complet, sa démonstration expérimentale et son expression mathématique. Nous ferons ensuite l'application des deux principes à un certain nombre de phénomènes et au fonctionnement des machines à feu. Enfin nous définirons la quantité appelée *énergie*, nous montrerons qu'elle se conserve et nous donnerons l'interprétation physique de cette conservation.

CHAPITRE I.

PRINCIPE DE L'ÉQUIVALENCE.

Équivalence de la chaleur et du travail.

Ce principe consiste dans l'équivalence d'une quantité de chaleur et d'une quantité déterminée de travail mécanique. Son promoteur est J.-R. Mayer, médecin allemand, qui a publié sa découverte en 1842; à peu près à la même époque, Colding, ingénieur danois, Joule, physicien anglais, et Séguin, mécanicien français, étaient parvenus aux mêmes idées. Il est équitable de rapporter aussi que Sadi Carnot, capitaine du génie français, qui a découvert le second principe de la Thermodynamique, avait reconnu dix ou quinze ans plus tôt l'équivalence de la chaleur et du travail mécanique; toutefois, il ne communiqua pas ses idées sur ce sujet et elles restèrent ignorées jusqu'en 1871.

Le principe de l'équivalence se présente sous deux aspects :

Premier aspect. — Lorsqu'un certain nombre de kilogrammètres, nombre que nous représenterons par $\mathfrak{T}r$, disparaît dans une machine par suite de frottements, de chocs ou de toute autre résistance passive, on constate l'apparition d'une quantité de chaleur, q calories, et l'on a entre les nombres $\mathfrak{T}r$ et q la relation

$$\mathfrak{T}r = q \times \mathrm{E},$$

E étant *un certain nombre constant*, qui a reçu le nom d'*équivalent mécanique de la calorie.*

Second aspect. — Inversement, lorsque dans une machine mise en mouvement par le moyen de la chaleur, on voit naître une certaine quantité de travail, $\mathfrak{T} r'$ kilogrammètres, on constate la disparition d'une certaine quantité de chaleur, q' calories, et l'on a entre les nombres $\mathfrak{T} r'$ et q' la relation

$$\mathfrak{T} r' = q' \times E,$$

E étant le même nombre que précédemment.

Si, dans les relations précédentes, on fait q ou $q' = 1$, on a, respectivement, $\mathfrak{T} r$ et $\mathfrak{T} r' = E$; on peut donc dire que l'équivalent mécanique de la calorie est le nombre de kilogrammètres qui équivaut à une calorie.

Le principe de l'équivalence, que nous venons de considérer sous ses deux aspects, a une origine purement expérimentale : aucun raisonnement *a priori* ne saurait en établir l'existence. Nous avons, par conséquent, à étudier les expériences qui en établissent la légitimité. Cette démonstration expérimentale se partage naturellement en deux parties, correspondant aux deux aspects du principe; il faut établir :

1° la constance de E lors de la transformation du travail en chaleur;

2° la constance de E lors de la transformation de la chaleur en travail, quels que soient les phénomènes au cours desquels ces transformations se produisent.

Équivalence lors de la transformation du travail en chaleur.

PREMIÈRES EXPÉRIENCES DE JOULE SUR LE FROTTEMENT (1849-1850).

Les expériences de Joule consistent à détruire une quantité connue de travail mécanique au moyen du frottement d'un liquide contre lui-même et à mesurer la quantité de chaleur produite.

Un vase cylindrique B (*fig.* 1), plein d'eau, sert de calorimètre : suivant l'axe de ce vase tourne un arbre muni de palettes; les parois du calorimètre portent aussi des palettes fixes, alternant avec les premières et destinées à multiplier les frottements.

L'arbre se prolonge à sa partie supérieure par un treuil A, sur lequel s'enroulent deux cordes, qui passent ensuite sur les poulies C et D; ces deux poulies sont mises en mouvement par deux poids égaux E et F, qui se meuvent devant deux règles divisées G et H.

Les cordes sont enroulées de façon qu'elles tendent à faire tourner le treuil dans le même sens. On laisse les poids

Fig. 1.

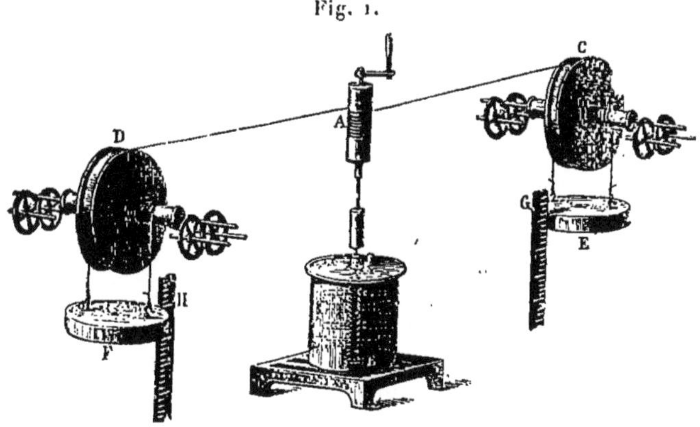

descendre d'une hauteur H; à cause de l'action retardatrice des palettes, la vitesse reste faible et prend bientôt une valeur sensiblement constante; soit v cette valeur.

Pour déterminer la quantité de chaleur produite, il suffit de mesurer l'élévation de température du calorimètre : si l'on désigne par θ cette élévation de température et par ϖ la masse de l'eau, y compris la valeur en eau des différents organes qui participent à l'échauffement, la quantité de chaleur produite est $\theta\varpi$ calories; θ était inférieur à 1° C.; les corrections relatives au refroidissement étaient effectuées par la méthode de Regnault.

L'évaluation du travail détruit se fait de la façon suivante : si l'on désigne par P la valeur en kilogrammes de chacun des poids E et F, le travail accompli par la pesanteur est 2 PH; la demi-force vive des poids à la fin de l'expérience est $\frac{P}{g}v^2$: comme celle du reste de l'appareil est négligeable, l'expression $2\,PH - \frac{P}{g}v^2$, excès du travail moteur sur la moitié de la force vive acquise, représente le travail perdu par le fait des résistances passives; celles-ci sont :

1° Le frottement dans le calorimètre; soit T le travail correspondant;

2° Le frottement et les autres résistances passives de natures diverses ayant leur siège dans les tourillons, poulies, cordes, etc.; soit t le travail correspondant.

On a

$$2\,PH - \frac{P}{g}v^2 = T + t$$

ou

$$2\,PH = T + \left(t + \frac{P}{g}v^2\right).$$

La quantité de chaleur mesurée est due à la disparition du travail T dans le calorimètre; il faut donc connaître T, ou, ce qui revient au même puisque 2 PH est donné par des mesures directes, éliminer $t + \frac{P}{g}v^2$. Joule y parvient au moyen d'une seconde expérience. Le calorimètre est vidé, puis les cordes sont disposées de façon qu'elles tendent à faire tourner le treuil en sens contraires, les poids se faisant équilibre. En ajoutant à l'un d'eux un poids additionnel p, déterminé par tâtonnement, on peut faire en sorte qu'à la fin de la chute la vitesse ait la même valeur v que dans la première expérience; on a alors

$$pH = \frac{2\,P + p}{2g}v^2 + t;$$

t est le même que précédemment, puisque l'appareil a fait le même nombre de tours.

Il faut maintenant éliminer t entre les équations données par les deux expériences; comme p et v sont tous les deux très petits, on peut négliger $\frac{p}{2g}v^2$ et écrire

$$pH = \frac{P}{g}v^2 + t;$$

en retranchant cette équation de la première; on a

$$(2P - p)H = T.$$

On obtient ainsi la valeur T du travail perdu par le fait du frottement dans le calorimètre; si P et p sont évalués en kilogrammes et H en mètres, ce travail est exprimé en kilogrammètres.

La valeur du quotient $\frac{T}{\varpi\theta}$, déduite d'un grand nombre d'expériences, a été trouvée par Joule égale à 424,9.

Joule a substitué le mercure à l'eau dans les expériences précédentes et a trouvé, dans deux séries d'expériences, les nombres 425 et 426,3. Il a ensuite remplacé les palettes par des disques métalliques frottant l'un contre l'autre dans le calorimètre et a trouvé, dans deux séries d'expériences, les nombres 425,6 et 426,7. Ici le frottement était d'une tout autre nature et néanmoins les nombres trouvés sont presque identiques aux précédents. On est donc fondé à considérer le nombre E comme constant pour les différents modes de frottement.

EXPÉRIENCES DE G.-A. HIRN SUR L'ÉCRASEMENT DU PLOMB (1858).

Quand un choc se produit entre deux corps parfaitement élastiques, la force vive du système est la même après qu'avant le choc. Si, au contraire, l'un au moins des corps est imparfaitement élastique, autrement dit *mou*, il y a perte de force vive : le travail des forces qui ont produit le choc ne se retrouve pas en totalité dans la demi-force vive des corps après le choc. Il y a déficit de travail, mais, en revanche, il y a production de chaleur. Pour savoir si le principe de l'équivalence est vérifié, il faut mesurer, d'une part le travail perdu, d'autre part la quantité de chaleur produite.

C'est ce qu'a fait G.-A. Hirn, ingénieur civil français, à Colmar, dans l'expérience suivante :

Un arbre en fer forgé AB (*fig.* 2), de poids p, est suspendu par deux cordes; un bloc de grès des Vosges CD, de poids P, est suspendu de la même manière; entre les deux est disposée une masse de plomb E de poids ϖ. On soulève AB jusqu'à A′B′, d'une hauteur h, puis on le laisse retomber : le plomb se trouve ainsi écrasé entre le bloc CD, qui sert d'enclume, et l'arbre AB, qui sert de marteau. Le

Fig. 2.

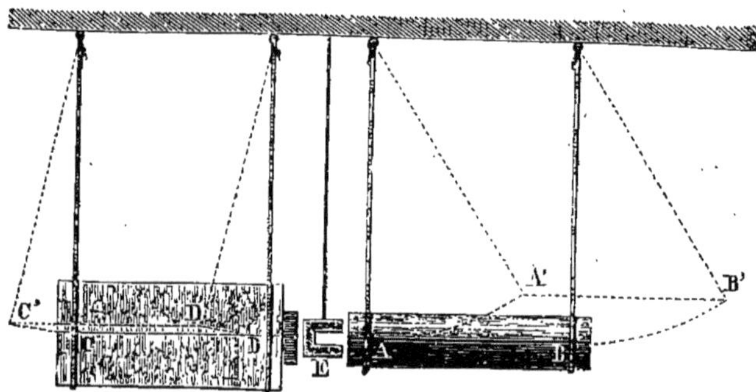

travail des forces qui ont produit le choc est celui qu'a accompli la pesanteur lorsque le poids p est descendu de la hauteur h : c'est donc ph.

Le choc accompli, l'arbre remonte jusqu'à une certaine hauteur h', telle que le travail négatif accompli alors par la pesanteur est égal et de signe contraire à la demi-force vive après le choc : cette demi-force vive est donc égale à ph'. En outre, le bloc de grès et le morceau de plomb s'élèvent après le choc d'une certaine hauteur, que nous désignerons par k : leur demi-force vive après le choc est donc $(P+\varpi)\,k$. L'excès du travail des forces qui produisent le choc sur la demi-force vive totale après le choc est ainsi $p\,(h-h')-(P+\varpi)\,k$. D'autre part, de l'élévation de la température du morceau de plomb, de sa masse et de la chaleur spécifique du plomb, on déduit la quantité de chaleur dégagée. Hirn a trouvé ainsi pour E le nombre 425,1, presque identique à celui qu'avait trouvé Joule. Cette expérience n'est, toutefois, pas susceptible d'une très grande précision.

EXPÉRIENCES DE VIOLLE (1870).

Si l'on fait tourner rapidement un disque métallique épais dont une moitié seulement est engagée entre les branches d'un électro-aimant, on éprouve une résistance

Fig. 3.

considérable et, en même temps, le disque s'échauffe; ce fait est le principe d'une expérience de cours très connue, qu'on exécute à l'aide d'un appareil dû à Foucault, représenté dans la figure 3. Il s'explique par la production dans le disque tournant de courants induits, lesquels, d'une part, tendent à s'opposer à la rotation du disque, en vertu de la loi de Lenz, et, d'autre part, échauffent le métal dans lequel ils circulent. Il y a, dans cette expérience, destruction de travail et production de chaleur. Violle a mesuré le travail détruit à l'aide d'un procédé analogue à celui de Joule, et la quantité de chaleur produite, en plongeant le disque échauffé dans un calorimètre; il a employé des disques de différents métaux : cuivre, étain, plomb, aluminium, etc., et a trouvé pour E le nombre 435. Ce nombre est supérieur de 2,2 pour 100 aux précédents, ce qui tient vraisemblablement à la perte de chaleur éprouvée par le disque quand on le transporte dans le calorimètre.

AUTRES EXPÉRIENCES.

Un très grand nombre d'expériences de genres les plus divers ont été instituées dans le but de mesurer la quantité de chaleur qui prend naissance lorsqu'on détruit une quantité déterminée de travail. Toutes ont donné pour l'équivalent mécanique de la calorie des nombres voisins des précédents. Ainsi : *lorsque la chaleur est engendrée par la destruction du travail mécanique, le rapport du nombre de kilogrammètres disparus au nombre de calories produites est un nombre constant.*

Condition pour qu'il y ait équivalence.

Pour que la chaleur produite soit équivalente au travail dépensé il faut qu'il n'y ait pas eu d'autre phénomène que la production de chaleur; pour qu'on puisse l'affirmer, *il faut que le corps ou le système de corps sur lequel on opère soit, à la fin de l'opération, revenu à son état initial.* Si cette condition n'est pas remplie, il n'y a pas, en général, équivalence.

Par exemple, lorsqu'on bande un ressort, on accomplit un travail et, néanmoins, il n'y a pas dégagement de chaleur; si l'on tend un fil métallique, de manière à l'allonger, il y a *refroidissement*, bien qu'on ait *dépensé du travail :* cela tient à ce que, dans l'un et l'autre cas, le corps n'est pas dans le même état à la fin de l'expérience qu'au commencement.

Considérons encore l'exemple suivant, qui est particulièrement instructif. Prenons un corps de pompe fermé à ses deux extrémités (*fig.* 4), et dans lequel peut se mouvoir un piston; le piston étant d'abord appliqué contre le fond supérieur, on a rempli le cylindre d'acide carbonique gazeux.

Fig. 4.

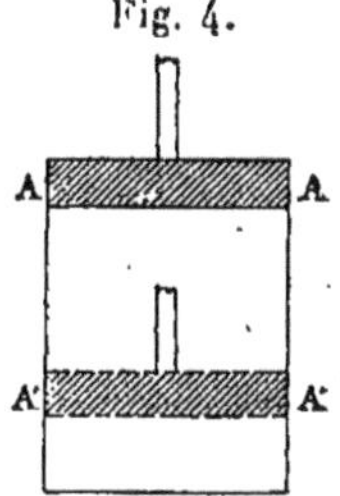

On abaisse le piston, par exemple jusqu'en A' A'; l'acide est comprimé et le vide se produit au-dessus du piston. Du travail $\mathfrak{T}r$ a été dépensé et une quantité de chaleur q a été produite; toutefois, l'expérience montre qu'*il n'y a pas équivalence* et que la quantité de chaleur qui s'est produite est *plus grande* que celle qui satisferait à la condition d'équivalence; on trouve $\mathrm{E}\,q > \mathfrak{T}r$. Cela tient à ce que l'état final de l'acide carbonique n'est pas identique à son état initial : le volume final est plus petit. Pour ramener l'acide à son état initial, il suffit de faire communiquer entre elles les deux chambres du corps de pompe, par exemple en perçant le piston : l'acide reprend alors son état primitif; cette détente se fait sans travail, puisqu'elle a lieu dans le vide, et l'expérience montre qu'elle est accompagnée de l'absorption d'une quantité de chaleur q', ce qui rétablit l'équivalence. On trouve, en effet,

$$E(q - q') = \mathfrak{C}r.$$

L'expérience, citée plus haut, du fil qu'on allonge en le tendant et qui se refroidit peut être complétée d'une manière analogue; il suffit, une fois l'extension produite par un poids tenseur, de décrocher le poids; le fil revient à sa longueur primitive et l'on constate qu'il s'échauffe. En opérant ainsi sur un fil de laiton, le physicien suédois Edlund a trouvé pour le rapport du travail dépensé à la chaleur créée le nombre 428,3.

Dans les expériences qui ont pour objet de déterminer l'équivalent mécanique de la calorie, la condition de l'identité de l'état initial et de l'état final doit être remplie. Elle l'est dans les expériences de Joule; en effet, si on laisse le calorimètre se refroidir et reprendre sa première température, tout l'appareil est revenu à l'état initial; pendant ce refroidissement, il n'y a eu aucun travail appréciable, et la chaleur cédée aux corps extérieurs par le calorimètre est $\varpi\theta$; $\varpi\theta$ est donc bien la quantité de chaleur due à la destruction du travail T, dans un appareil qui, partant d'un certain état, y revient après avoir éprouvé une série de transformations. La condition est également remplie dans les expériences de Hirn sur le choc; on sait en effet que le plomb ne s'écrouit pas sensiblement par le martellement; ses propriétés physiques ne changent pas et, quand il est refroidi, l'appareil tout entier se retrouve dans les mêmes conditions qu'au début de l'expérience. La même condition est remplie dans les expériences de Violle.

Travail extérieur.

Lorsqu'un système matériel éprouve une transformation, les forces extérieures qui agissent sur le système accomplissent en général un travail; ce travail, pris en signe contraire, s'appelle le *travail extérieur*.

Nous aurons à nous occuper presque exclusivement de

corps placés dans des conditions telles que les forces extérieures exercent sur toute l'étendue de la surface une pression uniforme et partout normale à cette surface, comme cela a lieu, par exemple, dans le cas d'un fluide en équilibre. Il existe alors une évaluation très simple du travail extérieur. Imaginons que le corps prenne un accroissement de volume infiniment petit dv. Considérons un élément ω de la surface (*fig.* 5); lors de l'accroissement de volume, cet élément de la surface éprouve un certain déplacement, assimilable, au point de vue infinitésimal, à une translation dont je désigne la longueur par l, dans une direction faisant avec la normale comptée vers l'extérieur du corps un angle que j'appelle α, et engendre ainsi un cylindre infinitésimal.

Fig. 5.

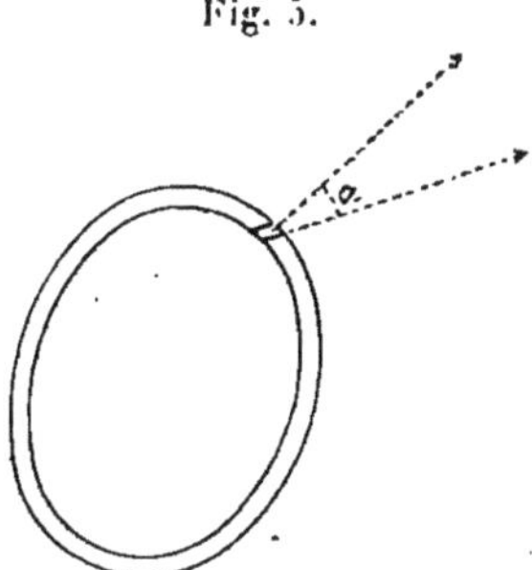

Si l'on désigne par p la pression extérieure par unité de surface, estimée vers l'intérieur du corps, la force pressante sur l'élément ω est une force normale qui, estimée aussi vers l'intérieur, a pour valeur ωp; elle fait avec la direction et le sens du déplacement un angle égal à $\pi - \alpha$ (*fig.* 6); lors du déplacement considéré, elle accomplit un travail égal à

$$\omega p l \cos(\pi - \alpha) = -p \omega l \cos\alpha.$$

Maintenant, $l \cos\alpha$ est la hauteur du cylindre infinitésimal engendré par le déplacement de l'élément et, par conséquent, $\omega l \cos\alpha$ est le volume de ce cylindre. Le travail de toutes les forces pressantes extérieures est la somme de termes tout pareils, somme dans laquelle on peut mettre $(-p)$ en facteur, et, par conséquent, ce

Fig. 6.

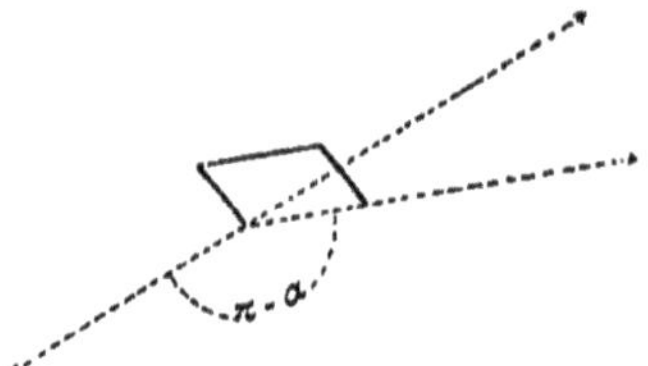

travail total est $-p\,dv$; le travail extérieur, suivant la définition donnée, est ainsi $p\,dv$.

Si l'accroissement de volume est fini, on a, en désignant par les nos 1 et 2 les états initial et final, pour le travail extérieur l'expression

$$\int_1^2 p\,dv.$$

Cette somme ne peut être effectuée que si l'on connaît la relation qui a existé entre p et v lors de la transformation du corps.

Représentation graphique. — Un mode de représentation graphique dû à Newton a été introduit dans la Thermodynamique par Clapeyron.

Prenons deux axes rectangulaires, portons en abscisses

Fig. 7.

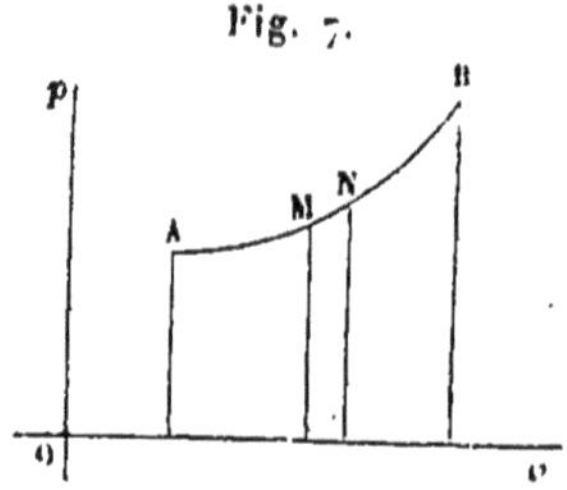

les volumes du corps et en ordonnées les pressions extérieures (*fig.* 7) : à chaque état du corps correspond un point M, dont l'abscisse est le volume v du corps et dont l'ordonnée est la pression extérieure p. Lors d'une transformation, le point décrit une certaine courbe, qui a reçu le nom de *cycle*. Considérons l'aire comprise entre l'axe des volumes, une ordonnée initiale quelconque et l'ordonnée du point variable M. Lorsque v s'accroît de dv, cette aire s'accroît du rectangle infinitésimal $p\,dv$. Par conséquent, les accroissements infiniment petits du travail extérieur et de l'aire de la courbe sont égaux, et, lorsque le corps passe d'un état 1 à un état 2, le travail extérieur est égal à l'aire comprise entre l'axe des volumes, l'arc de courbe décrit et les deux ordonnées 1 et 2. Ce travail est positif si v augmente, autrement dit, si le point représentatif se déplace vers la droite : dans ce cas, il est égal à + l'aire; si le point se déplace vers la gauche, le travail est égal à — l'aire.

Supposons maintenant que la série des changements subis par le corps soit telle qu'à la fin le volume et la pression extérieure soient redevenus ce qu'ils étaient au début : le point du diagramme revient à sa position primitive, autrement dit il a décrit un *cycle fermé*. Dans ce cas, le travail extérieur accompli a pour mesure l'aire du cycle,

Fig. 8.

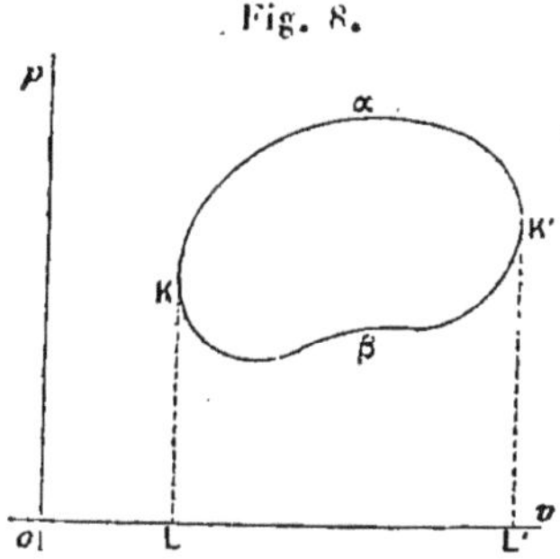

affectée du signe + si le cycle a été parcouru dans le sens des aiguilles d'une horloge, et du signe — dans le cas contraire. Considérons en effet le premier cas : menons les ordonnées extrêmes en K et K' (*fig.* 8). Lorsque le point figuratif parcourt l'arc K α K', le travail extérieur accompli est positif et égal à + l'aire LK α K' L'; lorsque le point figuratif revient au point K en parcourant l'arc K' β K, le travail extérieur accompli est égal à — l'aire LK β K' L'. Si l'on considère le cycle tout entier, le travail est donc égal à l'excès de la première aire sur la seconde, c'est-à-dire à l'aire du cycle prise positivement. Dans le cas où le cycle est parcouru dans le sens contraire à celui des aiguilles d'une horloge, les signes sont partout changés.

INDICATEUR DE WATT.

J. Watt a imaginé un appareil extrêmement ingénieux, à l'aide duquel une machine à vapeur trace elle-même automatiquement le diagramme ayant pour abscisses les volumes de la vapeur contenue dans le corps de pompe et pour ordonnées les pressions de cette vapeur.

Remarquons d'abord que, lorsqu'une machine à vapeur fonctionne normalement, il y a sensiblement équilibre entre la force pressante exercée par la vapeur sur le piston et l'action exercée sur celui-ci par la résistance à vaincre : autrement, la machine s'emporterait. Si l'on désigne par F la force extérieure agissant sur la tige du piston, la force pressante exercée par la vapeur surpasse F d'une quantité extrêmement petite si le volume de la vapeur augmente, et lui est inférieure d'une quantité extrêmement petite si le volume de la vapeur diminue; autrement dit, F est constamment égale, à un infiniment petit près, à la force pressante exercée par la vapeur. Les mécaniciens expriment ce fait en disant que la vapeur agit avec *travail complet;* c'est une condition de bon fonctionnement des machines, qui doit toujours être remplie.

L'indicateur est formé d'un petit cylindre métallique dans lequel se meut un piston p' (*fig.* 9) maintenu par un ressort à boudin; la partie inférieure de ce corps de pompe communique par un tuyau avec l'une des deux chambres du cylindre de la machine à vapeur; on a ainsi une sorte de manomètre à ressort. Lorsque, dans le cylindre, la pression varie, le piston de l'indicateur se déplace; le ressort a été construit de telle façon que l'écart du piston à partir de sa position normale est proportionnel à l'excès (algébrique) de la pression p de la vapeur sur la pression atmosphérique. Un crayon v est fixé transversalement à

Fig. 9.

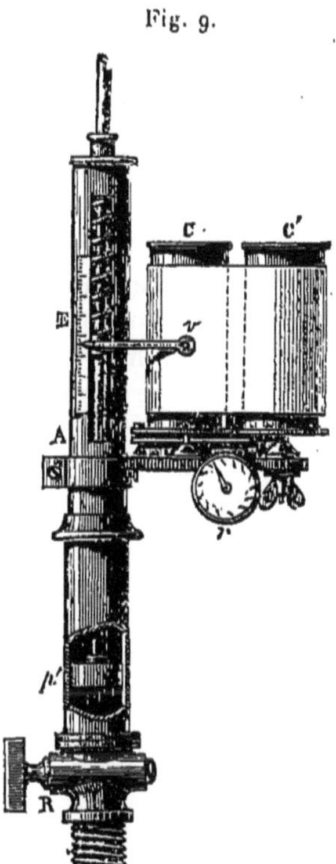

la tige du piston de l'indicateur et vient tracer une ligne sur une feuille de papier tendue sur deux cylindres C et C'. Ces cylindres et, par suite, la feuille de papier sont mis en mouvement par la tige du piston de la machine à l'aide d'un mécanisme combiné de telle sorte que le déplacement horizontal du papier suit celui du piston en lui restant constamment proportionnel.

Lorsque le cylindre de l'indicateur est mis en communication, non avec le cylindre de la machine, mais avec l'atmosphère, le crayon trace sur le papier une ligne horizontale que les mécaniciens appellent la ligne *atmosphérique*. Mais, si on laisse arriver la vapeur dans le cylindre de l'indicateur, le piston s'élève et s'abaisse de quantités proportionnelles à sa pression, et, de la combinaison de ce mouvement vertical avec le déplacement horizontal du papier, résulte une courbe. Les abscisses de cette courbe représentent les variations de volume de la vapeur, à une échelle qui dépend de la transmission de mouvement et qu'il est facile de connaître; les ordonnées représentent les variations de la pression à une autre échelle, qu'on déterminera en graduant à l'avance l'indicateur.

Après un va-et-vient du piston, si la marche de la machine est régulière, le volume et la pression sont redevenus les mêmes, la courbe se ferme et le crayon repasse sur le trait précédent, et ainsi de suite.

Pour avoir le travail extérieur, on mesure l'aire de la courbe; l'unité de travail correspond à l'aire d'un rectangle construit sur un segment d'abscisse correspondant à l'unité de volume et sur un segment d'ordonnées correspondant à l'unité de pression.

La figure 10 représente un spécimen de diagramme

Fig. 10.

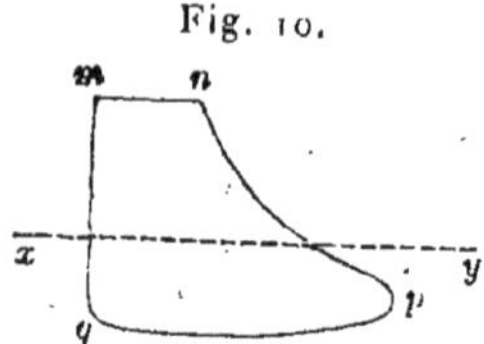

tracé par l'indicateur; xy est la ligne atmosphérique; la portion qmn correspond à la période d'admission, la portion np à celle de détente et pq à celle de condensation.

Équivalence lors de la transformation de chaleur en travail.

Je rappelle l'énoncé du principe de l'équivalence considéré sous son second aspect : si, dans une machine mise en mouvement par le moyen de la chaleur, on voit apparaître une certaine quantité de travail, $\mathfrak{T}r$ kilogrammètres, on constate la disparition simultanée d'une certaine quantité de chaleur, q calories, et l'on a entre les nombres $\mathfrak{T}r$ et q la relation $\mathfrak{T}r = q \times E$, E étant l'équivalent précédemment trouvé lors de la transformation du travail en chaleur.

EXPÉRIENCES DE G.-A. HIRN.

Hirn a opéré, non avec des appareils de laboratoire, mais avec des machines de 100 à 200 chevaux, appartenant à une filature de coton, au Logelbach près de Colmar.

Il fallait mesurer : 1° la quantité de chaleur disparue dans la machine; 2° le travail produit.

Une fois la marche de la machine devenue régulière, Hirn mesurait la masse de vapeur fournie par la chaudière par coup de piston et la température θ de cette vapeur. Si l'on appelle t la température du condenseur, dans lequel l'eau était puisée, à chaque kilogramme de vapeur consommé par la machine correspond une quantité de chaleur égale à $606{,}5 + 0{,}305\,\theta - t$ calories, d'après la formule de Regnault; cette formule permettait, à l'aide des données précédentes, de calculer la quantité de chaleur absorbée par la machine pendant un temps donné. Pour mesurer la quantité de chaleur cédée au condenseur, on jaugeait la masse μ de l'eau injectée dans celui-ci pendant le même temps afin de maintenir sa température égale à t, et l'on déterminait la température τ de cette eau : la quantité de chaleur restituée était égale à $\mu\,(t - \tau)$ calories.

Il y avait à faire une correction relative aux pertes de chaleur dues au rayonnement, à la convection par l'air et à la conduction; cette correction n'a pu être faite avec une exactitude entièrement satisfaisante : aussi Hirn s'est-il efforcé de la rendre aussi faible que possible.

Le travail gagné par la machine est le travail extérieur relatif à l'eau qu'elle contient, laquelle est en partie à l'état liquide et à l'état de vapeur. Comme ici la vapeur agit avec travail complet, c'est-à-dire qu'il y a équilibre entre la force pressante de la vapeur sur la piston et la réaction du mécanisme, le travail extérieur est égal à celui de la force exercée par la vapeur sur le piston; Hirn le mesurait au moyen de l'indicateur de Watt.

Une première série d'expériences, exécutée en 1857, a donné pour le quotient $\frac{\mathfrak{T}_r}{q}$ la valeur moyenne 415; une seconde série, exécutée en 1860 et 1861, a donné des nombres compris entre 420 et 432.

En raison de la multiplicité des quantités à mesurer dans chaque expérience et de l'impossibilité de tenir un compte bien exact du refroidissement, ces nombres peuvent être considérés comme présentant un accord satisfaisant avec ceux qui ont été trouvés pour la valeur de E lors de la transformation de travail en chaleur.

Ici encore, le corps sur lequel on opère est, à la fin de l'opération, exactement dans le même état qu'au début; c'est une certaine masse d'eau prise à la température du condenseur, qui, après avoir subi diverses transformations, échauffement, vaporisation, détente, condensation, se retrouve finalement à l'état d'eau à la température du condenseur.

CYCLE RECTANGULAIRE DES GAZ.

Les propriétés des gaz, dits *parfaits*, dont les constantes sont connues, permettent une vérification du principe de l'équivalence.

Enfermons 1^{kg} du gaz dans un corps de pompe muni d'un piston. Soient v_1 son volume, p_1 sa pression, t_1 sa température; le point correspondant sur le diagramme de Clapeyron est un certain point A (*fig.* 11). Faisons ensuite subir au gaz la série de transformations suivante :

1° On l'échauffe en maintenant son volume constant; la pression devient p_2 et la température t_2; soit B le point correspondant du diagramme.

2° On l'échauffe de nouveau en maintenant sa pression

constante : le volume devient v_2 et la température t_3; soit C le point correspondant du diagramme.

3° On refroidit le gaz en maintenant son volume constant, jusqu'à ce que sa pression soit redevenue p_1, sa température étant t_4; soit D le point correspondant du diagramme.

4° On refroidit le gaz en maintenant sa pression constante jusqu'à ce que son volume soit redevenu v_1; le point du diagramme est alors de nouveau A.

Fig. 11.

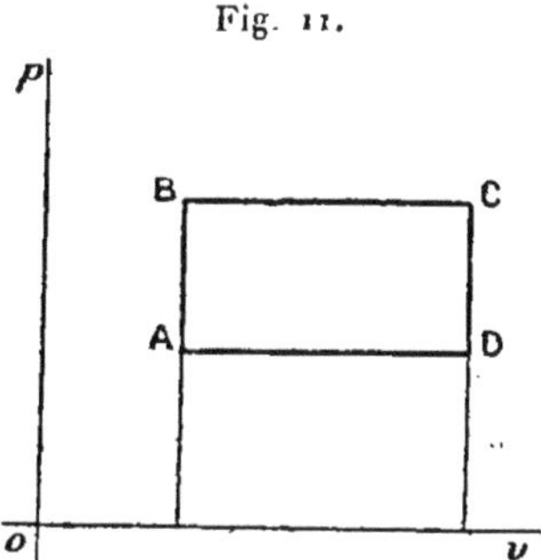

Le diagramme de Clapeyron est ainsi un rectangle, et le travail extérieur $\mathfrak{T}r$ a pour valeur l'aire du cycle, qui est égale à

$$(p_2 - p_1)(v_2 - v_1).$$

Évaluons les quantités de chaleur qui ont été fournies au corps dans ces transformations successives; ce sont, en désignant par C et c les chaleurs spécifiques du gaz à pression constante et à volume constant [1] :

de A en B................	$c(t_2 - t_1)$
de B en C................	$C(t_3 - t_2)$
de C en D................	$-c(t_3 - t_4)$
de D en A................	$-C(t_4 - t_1)$

[1] On suppose implicitement que C et c sont indépendants de la température, ce qui n'est pas établi expérimentalement en toute rigueur (*voir* note p. 44).

La quantité totale de chaleur fournie, q, est ainsi égale à $(C - c)(t_1 - t_2 + t_3 - t_4)$.

Les lois de Mariotte et de Gay-Lussac donnent

$$p_0 v_0 = \frac{p_1 v_1}{1+\alpha t_1} = \frac{p_2 v_1}{1+\alpha t_2} = \frac{p_2 v_2}{1+\alpha t_3} = \frac{p_1 v_2}{1+\alpha t_4}$$
$$= \frac{(p_1 - p_2)(v_1 - v_2)}{\alpha(t_1 - t_2 + t_3 - t_4)} = \frac{\mathfrak{T}r}{\alpha(t_1 - t_2 + t_3 - t_4)};$$

d'où

$$\mathfrak{T}r = p_0 v_0 \alpha(t_1 - t_2 + t_3 - t_4).$$

On a ainsi

$$\frac{\mathfrak{T}r}{q} = \frac{p_0 v_0 \alpha}{C - c},$$

ce qui donne la valeur de E.

p_0 étant la pression atmosphérique normale, on connaît, pour l'air par exemple, v_0, α et C. Si l'on prend pour $\frac{C}{c}$ la valeur 1,4053 qui a été trouvée par Röntgen, on trouve E = 428, valeur voisine de celle qu'a donnée l'étude du frottement. Pour l'hydrogène, on trouve E = 425,3.

DÉTERMINATIONS PLUS PRÉCISES DE E.

On peut considérer comme telles :

Une seconde série d'expériences exécutées par Joule en 1878, à l'aide d'une méthode différente de celle que nous avons décrite; la moyenne des déterminations a donné E = 426,4.

Les expériences de M. Miculescu en 1892, qui ont donné E = 426,8.

Les expériences de M. Griffiths en 1892, qui ont donné 427,6.

La moyenne des valeurs de E qui présentent le plus de garanties d'exactitude est 427 dans le système kilogrammètre-grande calorie. Dans le système C. G. S., la valeur de E est $4,189 \times 10^7$; autrement dit, $4,189 \times 10^7$ ergs sont équivalents à 1 gramme d'eau-degré. Cette valeur est probablement exacte à moins de $\frac{1}{500}$.

Énoncé complet du principe de l'équivalence.

Les travaux expérimentaux, dont la description nous a occupés jusqu'ici, conduisent à la conclusion suivante : lorsqu'un dégagement de chaleur est dû à la destruction d'une certaine quantité de travail, ou bien lorsque la production d'un travail est due à une dépense de chaleur, l'état initial étant rétabli dans l'un et l'autre cas, on a entre le nombre de kilogrammètres $\mathfrak{T}r$ et le nombre de calories q la relation $\mathfrak{T}r = Eq$, E étant un nombre constant.

L'égalité $\mathfrak{T}r = Eq$ subsiste dans les deux cas si l'on tient compte des signes, à condition que q désigne *la quantité de chaleur cédée au système par les corps extérieurs* et $\mathfrak{T}r$ *le travail extérieur.* En effet, si nous considérons la production de chaleur par dépense de travail, $\mathfrak{T}r$ est négatif, puisque l'agent extérieur accomplit un travail positif, et q est aussi négatif, puisque le système cède de la chaleur aux corps extérieurs. Si, au contraire, nous considérons la production de travail par dépense de chaleur, $\mathfrak{T}r$ est positif, puisque le travail de l'agent extérieur est négatif, mais q est aussi positif, puisque le système absorbe de la chaleur. En conséquence de tout ce qui précède, nous énoncerons d'une manière définitive le principe de l'équivalence de la façon suivante : *Lorsqu'un système matériel subit une série de transformations quelconques, à la fin desquelles il se retrouve dans son état primitif, on a, entre le travail extérieur accompli* $\mathfrak{T}r$ *et la quantité de chaleur* q *qui a été cédée au système, la relation algébrique* $Eq - \mathfrak{T}r = 0$.

AUTRE FORME DU PRINCIPE DE L'ÉQUIVALENCE.

Lorsqu'un système passe d'un certain état initial à un certain état final, la valeur de $Eq - \mathfrak{T}r$ *relative à ce passage n'est pas nulle en général, mais sa valeur est indépendante de la série des transformations par lesquelles le système passe du premier état au second.*

En effet, le système étant arrivé à l'état final, ramenons-le à l'état initial; d'après le principe de l'équivalence, la valeur de $E q - \mathfrak{F} r$ pour l'opération complète, composée du passage de l'état initial à l'état final et du retour à l'état initial, est nulle; autrement dit, la valeur de $E q - \mathfrak{F} r$ pour le passage de l'état initial à l'état final est égale et de signe contraire à la valeur de cette quantité pour le retour à l'état initial; or, après que le passage de l'état initial à l'état final a eu lieu d'une manière arbitraire, on peut effectuer le retour à l'état initial par une série de transformations toujours la même, auquel cas la valeur de $E q - \mathfrak{F} r$ relative à ce retour reste identique à elle-même; son égale changée de signe, la valeur de $E q - \mathfrak{F} r$ relative au passage de l'état initial à l'état final est donc constante et indépendante de la manière dont ce passage a lieu.

Inversement, la proposition précédente conduit au principe de l'équivalence. Imaginons, en effet, que le système parte d'un certain état initial pour y revenir après avoir subi une série de transformations. D'après la proposition, la quantité $E q - \mathfrak{F} r$ a la même valeur quelle que soit la série de ces transformations; or, si l'on considère le cas particulier où cette série est réduite à néant, autrement dit où le corps ne change pas d'état, q et $\mathfrak{F} r$ sont identiquement nuls : la valeur de $E q - \mathfrak{F} r$, lorsque le système subit une série de transformations quelconques pour revenir à l'état initial, est donc zéro. C'est l'énoncé même du principe de l'équivalence.

Il résulte des deux démonstrations précédentes que l'énoncé donné plus haut du principe de l'équivalence et la proposition relative à l'état initial et à l'état final sont deux formes d'une même proposition. Il y a toutefois à faire une distinction au point de vue physique : lorsqu'il s'agit de phénomènes tels que le retour à l'état initial est impossible, la première forme est inapplicable; la seconde conserve un sens, mais n'est plus alors démontrée. Par une induction que l'expérience a toujours justifiée, on admet qu'elle est physiquement vraie et on lui donne le nom de *Principe de l'état initial et de l'état final.*

COROLLAIRE. — *Les quantités de chaleur absorbées dans deux transformations inverses l'une de l'autre sont égales et de signes contraires.*

En effet, imaginons que l'on accomplisse successivement les deux transformations : l'état initial étant rétabli, on a $E\,q - \mathfrak{T}\,r = 0$; mais, $\mathfrak{T}\,r$ étant identiquement nul, q est aussi nul; autrement dit, la somme algébrique des quantités de chaleur absorbées lors des deux transformations inverses est nulle. C. Q. F. D.

USAGE QU'ON SE PROPOSE DE FAIRE DU PRINCIPE DE L'ÉQUIVALENCE.

En appliquant le principe de l'équivalence aux différents phénomènes dans lesquels se passent des actions mécaniques et des actions calorifiques, on aura chaque fois une proposition particulière, exprimée par une équation. C'est la recherche de ces propositions qui va maintenant nous occuper.

Quand une masse fluide, immergée dans un milieu ambiant fluide avec lequel elle ne puisse se mêler, est en équilibre mécanique et thermique, la température et la pression sont uniformes dans toute l'étendue de cette masse (1) et sont égales à la pression et à la température du milieu ambiant, la pression à la surface du fluide est partout normale à cette surface. Nous étudierons exclusivement, à quelques exceptions près qui seront signalées en temps et lieux, des corps se trouvant dans des conditions mécaniques et thermiques pareilles à celles que nous venons de définir.

(1) On ne tient compte ici, ni des actions de la pesanteur, ni de celles de la capillarité, les unes et les autres pouvant toujours être supposées rendues aussi petites qu'on le voudra.

Données expérimentales; leur traduction dans le langage analytique.

Comme nous aurons besoin, dans ce qui va suivre, d'employer l'analyse mathématique, il est nécessaire que, préalablement, nous traduisions dans le langage analytique ce que nous apprend la partie descriptive de l'étude de la chaleur.

Considérons l'unité de masse d'un corps dans les conditions ci-dessus indiquées : soient p la pression, t la température et v le volume de ce corps. Si l'on contraint le corps à avoir un volume déterminé à une température déterminée, il a une pression déterminée (1) : il existe donc entre p, v, t une relation, qui s'exprime par une équation de la forme $f(p, v, t) = 0$, appelée *l'équation d'état* du corps.

La nature de cette relation est inconnue en général; on la connaît toutefois approximativement dans un cas important, celui des gaz, qui suivent à peu près les lois de Mariotte et de Gay-Lussac : ces deux lois réunies donnent l'équation

$$pv - p_0 v_0 (1 + \alpha t) = 0,$$

où p_0 et v_0 représentent la pression et le volume à $0°$ de la masse de gaz considérée et α le coefficient de dilatation du gaz.

D'autre part, l'étude de l'élasticité ou, ce qui revient au même, de la compressibilité et celle de la dilatation calorifique ont donné, pour un certain nombre de corps, solides, liquides et gazeux, la relation entre p et v lorsque t demeure constant, la relation entre v et t lorsque p demeure constant et la relation entre t et p lorsque v demeure constant : on a ainsi les valeurs numériques des dérivées partielles $\frac{\partial p}{\partial v}$, $\frac{\partial v}{\partial t}$, $\frac{\partial p}{\partial t}$ pour certaines valeurs des

(1) C'est, du moins, ce qui a lieu dans le cas des fluides, dont nous nous occuperons presque exclusivement.

variables. Ces données expérimentales sont très limitées.

Il résulte de la relation d'état $f(p, v, t) = 0$, que, lorsque deux des trois quantités p, v, t sont données, la troisième est déterminée : par suite, pour définir l'état du corps, il suffit de donner les valeurs de deux quelconques des trois quantités p, v, t; en d'autres termes, l'état du corps est déterminé par deux d'entre elles considérées comme variables : on peut choisir soit v et p, soit v et t, soit p et t.

Par abréviation, au lieu de dire que le point qui représente l'état d'un corps sur un diagramme décrit un certain chemin, on dit conventionnellement que le corps parcourt ce chemin.

LIGNES ISOTHERMES.

Étant donnée une certaine masse d'une substance, si, la température étant maintenue constante, on fait varier la pression, le volume diminue à mesure que la pression augmente et le point représentatif M du diagramme, dont les coordonnées sont p et v, décrit une ligne qu'on appelle la *ligne isotherme* pour la température considérée : la ligne isotherme représente les propriétés élastiques de la substance à cette température.

Dans le cas d'un gaz, on a

$$pv = p_0 v_0 (1 + \alpha t).$$

Pour chaque valeur donnée à t, le second membre est constant : l'équation d'une ligne isotherme est $pv = \text{const.}$; une telle ligne est donc une hyperbole équilatère rapportée à ses asymptotes. En donnant à t différentes valeurs, on a une *famille* de courbes qui sont les lignes isothermes pour les différentes températures (*fig.* 12).

Considérons le cas d'un corps en partie à l'état liquide et en partie à l'état de vapeur. Puisque, lorsque la température est donnée, la pression est indépendante du volume, la ligne isotherme est une parallèle à l'axe des volumes; l'équation d'état ne contient que les variables p et t. Si le volume devient suffisamment grand, tout le corps passe à l'état de vapeur et le diagramme se continue

Fig. 12.

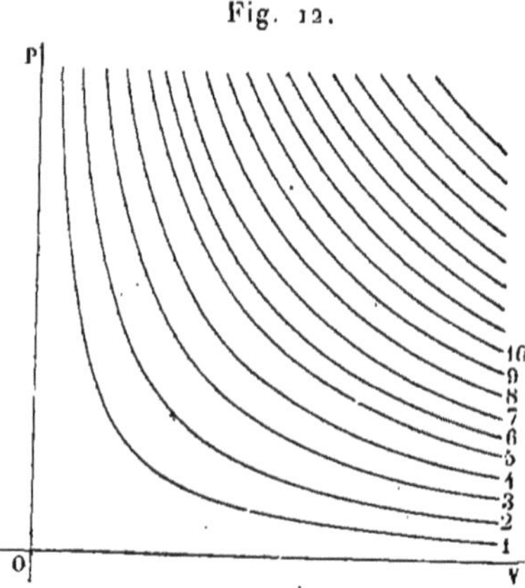

par une courbe BC (*fig.* 13) asymptote à l'axe des volumes; si, au contraire, le volume est suffisamment réduit, tout

Fig. 13.

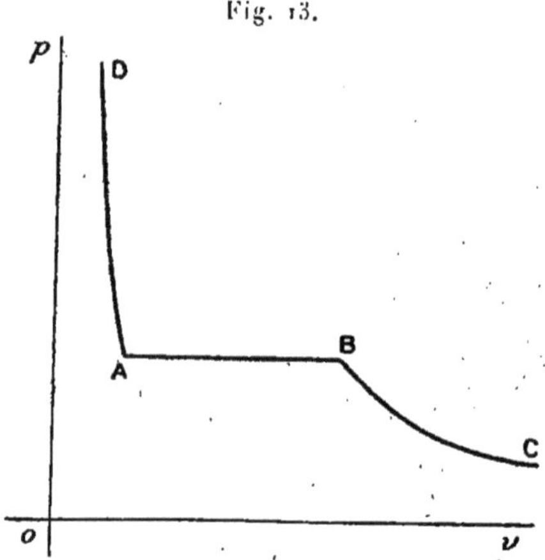

le corps est à l'état liquide, et, si l'on veut diminuer encore de plus en plus le volume, il faudra le soumettre à des pressions extrêmement grandes et rapidement croissantes, ce qui donne une branche de courbe AD s'élevant rapidement.

Lorsque le corps est en partie à l'état liquide et en partie à l'état solide, la pression dépend de la température seule et non du volume, car si, maintenant la pression constante, on fournit de la chaleur au corps, ou si on lui en enlève, il y a respectivement fusion ou solidification et le volume total change sans que la température change. L'équation d'état ne contient encore que les variables p et t.

Expression de la quantité de chaleur qu'il faut fournir à un corps pour produire une transformation infiniment petite de son état.

1° VARIABLES v ET p.

Prenons d'abord, d'une manière arbitraire, mais une fois pour toutes, un état du corps que nous appellerons l'*état de repère;* soit A_0 le point représentatif de cet état (*fig.* 14). Imaginons que le corps ait passé de l'état de

Fig. 14.

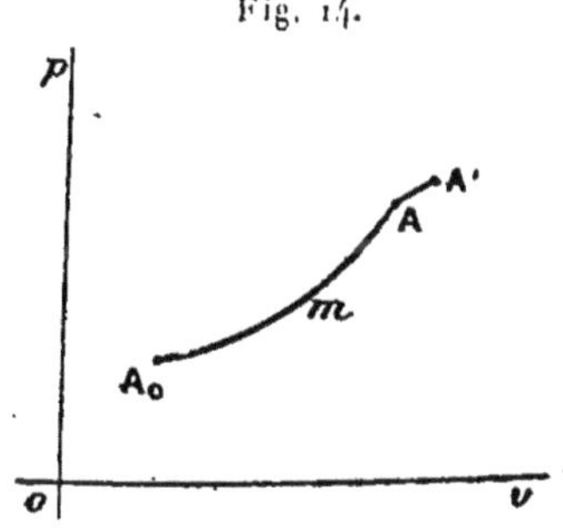

repère A_0 à un état quelconque A, le point représentatif ayant suivi un certain chemin $A_0\,m\,A$, et désignons par q la quantité de chaleur qu'il a absorbée pendant cette série de transformations. Le corps étant arrivé au point A, dont nous désignerons les coordonnées par v et p, supposons que la transformation continue et que le corps décrive au delà de A un arc infiniment petit AA′; lors de cette transformation élémentaire, la quantité de chaleur absorbée par le corps lorsqu'il a décrit le chemin $A_0 m A$ s'accroît d'une quantité infiniment petite dq : nous nous proposons d'évaluer cette quantité.

Nous traiterons d'abord deux cas particuliers.

1° Imaginons d'abord que, maintenant p constant, on veuille faire varier le volume v d'une certaine quantité Δv, autrement dit qu'on veuille faire décrire au corps un segment $AB = \Delta V$ de parallèle à l'axe ov (*fig.* 15) : il

Fig. 15.

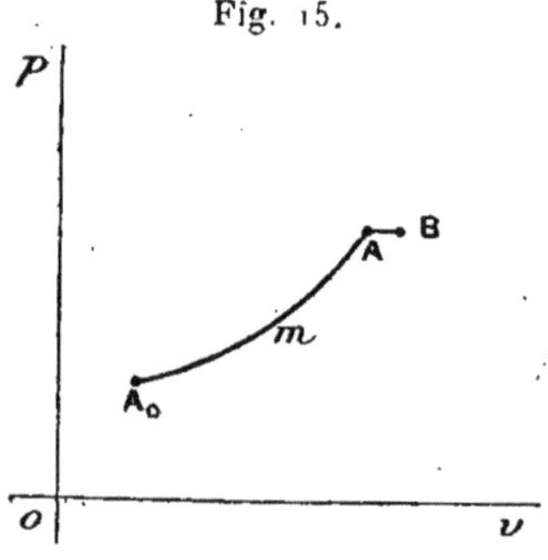

faudra fournir au corps une quantité de chaleur Δq, qui est fonction de Δv et s'annule en même temps que Δv; si l'on fait tendre Δv vers zéro, Δq tend aussi vers zéro, $\frac{\Delta q}{\Delta v}$ tend vers une certaine limite λ et l'on peut écrire

$$dq = dv \times \lambda;$$

en général λ dépend de l'état du corps, autrement dit a une valeur différente pour les différents points du plan : c'est une fonction de v et p.

2° Si, v étant maintenu constant, on fait varier p de dp, le corps décrivant alors un élément AD de parallèle à l'axe OP (*fig.* 16), on a

$$dq = dp \times k,$$

avec $dv = 0$, k étant encore une fonction de v et de p.

Passons maintenant au cas général, dans lequel l'arc élémentaire décrit par le corps au delà de A est quel-

Fig. 16.

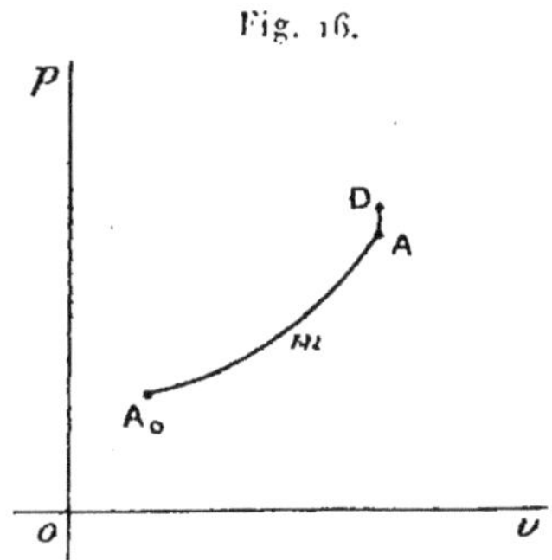

conque, et où, par conséquent, il y a simultanément une variation dv du volume et une variation dp de la pression.

Il est essentiel de remarquer qu'on n'est aucunement ici dans le cas de la différentiation d'une fonction de deux variables, car *q n'est pas une fonction de p et de v*. Supposons en effet que cela soit, et imaginons que le corps aille de A_0 à A, successivement par deux chemins $A_0 m A$ et $A_0 n A$ (*fig.* 17); d'après l'hypothèse, la chaleur

Fig. 17.

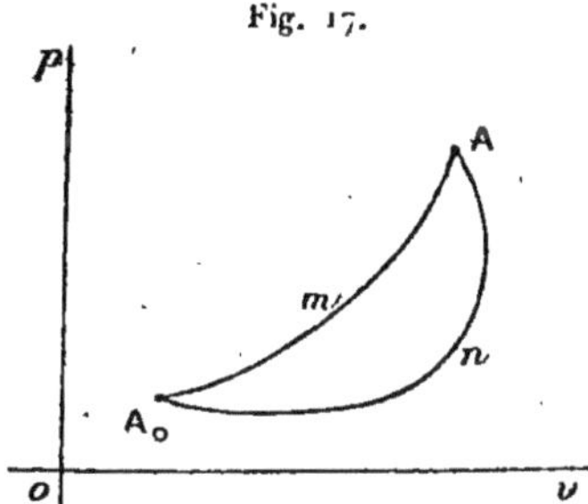

absorbée aura dans les deux cas une même valeur q. Imaginons maintenant que le corps décrive le cycle fermé $A_0 m A n A_0$; la chaleur absorbée lors de ce parcours est $q - q$, c'est-à-dire zéro. Or le travail extérieur accompli, dont la valeur absolue est égale à l'aire du cycle, n'est pas nul; on aurait ainsi du travail accompli sans dépense de chaleur par un corps revenant à l'état initial : ce serait la négation du principe de l'équivalence.

En fait, les règles du calcul infinitésimal ne peuvent, *à elles seules*, prouver qu'on ait le droit d'écrire

$$dq = \lambda\, dv + k\, dp.$$

Nous allons toutefois pouvoir établir cette équation, mais en nous appuyant sur ce *fait physique* que l'équivalent mécanique de la calorie a une valeur finie (1).

Imaginons qu'on fasse décrire au corps le cycle fermé infiniment petit ABA′A (*fig.* 18) dont le contour se com-

Fig. 18.

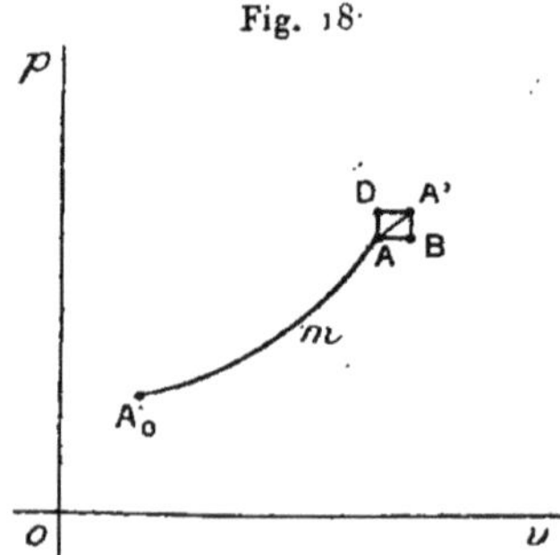

pose de AB $= dv$, de BA′ $= dp$ et de l'arc A′A. Écrivons que la chaleur absorbée par le corps pendant cette série de transformations est équivalente au travail extérieur accompli. La chaleur totale absorbée se compose : 1° de celle qui a été absorbée lorsque le corps a parcouru AB, et dont la valeur est $\lambda\, dv$; 2° de celle qui a été absorbée le long de BA′, et dont la valeur est $\left(k + \frac{\partial k}{\partial v}\, dv\right) dp$; 3° de celle qui a été absorbée le long de A′A, laquelle est $-dq$. Nous avons ainsi, pour la quantité totale de chaleur

(1) Voir Moutier, *La Thermodynamique et ses principales applications*, p. 115 à 118, et Bertrand, *Thermodynamique*, p. 13.

absorbée le long du cycle,

$$\lambda\, dv + \left(k + \frac{\partial k}{\partial v} dv\right) dp - dq.$$

Cette quantité doit être égale au produit de $-\frac{1}{E}$ par le travail extérieur accompli; ce travail est égal à l'aire du cycle, laquelle étant comprise dans le rectangle ayant pour côtés dv et dp est $< dv\, dp$, et, par conséquent, est un infiniment petit de second ordre. Comme le terme $\frac{dk}{dv} dv\, dp$ est aussi du second ordre, on a, en négligeant les quantités du second ordre devant celles du premier,

$$\lambda\, dv + k\, dp - dq = 0$$

ou

$$dq = \lambda\, dv + k\, dp.$$

2° VARIABLES p ET t.

Si nous avons choisi, non les variables p et v, mais les variables p et t, nous devons, pour obtenir l'expression de la quantité de chaleur fournie pour effectuer la transformation qui correspond aux accroissements dp et dt des variables, exprimer dv en fonction de dp et dt. v est une fonction de p et t définie par l'équation d'état, donc

$$dv = \frac{\partial v}{\partial t} dt + \frac{\partial v}{\partial p} dp.$$

En remplaçant dans l'expression de la quantité de chaleur dv par cette valeur,

$$dq = \lambda \frac{\partial v}{\partial t} dt + \left(\lambda \frac{\partial v}{\partial p} + k\right) dp.$$

En posant

$$\lambda \frac{\partial v}{\partial t} = C$$

et

$$\lambda \frac{\partial v}{\partial p} + k = h,$$

la quantité de chaleur se met sous la forme

$$dq = C\,dt + h\,dp.$$

Si, laissant p constant, on fait varier t de dt, on a

$$dq = C\,dt,$$

C est une fonction de p et de t, on l'appelle *chaleur spécifique sous pression constante.*

Si, au contraire, t demeurant constant, on fait varier p de dp, on a

$$dq = h\,dp,$$

h étant une fonction de p et de t, qui n'a pas reçu de nom particulier.

3° VARIABLES t ET v.

Lorsque les variables sont t et v, on démontre de la même manière que la quantité de chaleur à fournir pour effectuer une transformation infiniment petite est de la forme

$$dq = c\,dt + l\,dv.$$

Si t varie seul, on a

$$dq = c\,dt,$$

c étant une fonction de t et de v, qu'on appelle *chaleur spécifique sous volume constant.*

Si v varie seul, on a

$$dq = l\,dv,$$

l étant une fonction de t et de v, qu'on appelle *chaleur de dilatation.*

Remarque. — Les six coefficients différentiels C, c, l, h, λ, k ne sont pas indépendants les uns des autres, car, si l'on considère une transformation infiniment petite déterminée, les expressions du dq

correspondant à l'aide des trois couples de variables doivent être égales entre elles. Il existe quatre relations entre ces coefficients et les dérivées partielles $\frac{\partial v}{\partial t}$, $\frac{\partial p}{\partial t}$, $\frac{\partial v}{\partial p}$. Ces relations sont l'expression du changement de variables ; elles sont très aisées à trouver, nous en avons écrit deux page 33 et page 34. Il est inutile de les chercher avant le moment où l'on en aura besoin.

Entre les trois dérivées partielles $\frac{\partial v}{\partial t}$, $\frac{\partial p}{\partial t}$, $\frac{\partial v}{\partial p}$, il existe une relation qui résulte de ce que p, v et t sont reliés par l'équation d'état

$$f(p, v, t) = 0.$$

Cette équation, différentiée en faisant tout varier, donne

$$f'_p \, dp + f'_v \, dv + f'_t \, dt = 0;$$

en faisant dans cette équation successivement $dp = 0$, $dv = 0$, $dt = 0$, on obtient les trois dérivées partielles ci-dessus et l'on constate qu'elles satisfont à la relation

$$\frac{\partial v}{\partial t} = -\frac{\partial v}{\partial p}\frac{\partial p}{\partial t}.$$

Nous savons maintenant exprimer mathématiquement les résultats obtenus dans l'étude expérimentale des phénomènes calorifiques; nous connaissons de plus l'expression de la quantité de chaleur nécessaire pour produire une transformation élémentaire dans l'état d'un corps et nous possédons cette expression dans les trois systèmes de variables indépendantes p et v, p et t, v et t; enfin nous savons que le travail extérieur élémentaire a pour valeur $p\,dv$. Nous allons nous servir de ces données pour exprimer mathématiquement le principe de l'équivalence.

Expression mathématique du principe de l'équivalence.

Pour représenter l'état du corps, nous prendrons comme variables indépendantes, autrement dit comme coordonnées du diagramme représentatif, deux quelconques des trois variables v, p, t. Afin de ne pas spécifier le choix que nous aurons fait, nous appellerons ces coordonnées x et y.

Lorsque le corps part d'un certain état pour revenir à

ce même état après avoir subi une série de transformations, le point représentatif décrit un *cycle fermé* (*fig.* 19).

Fig. 19.

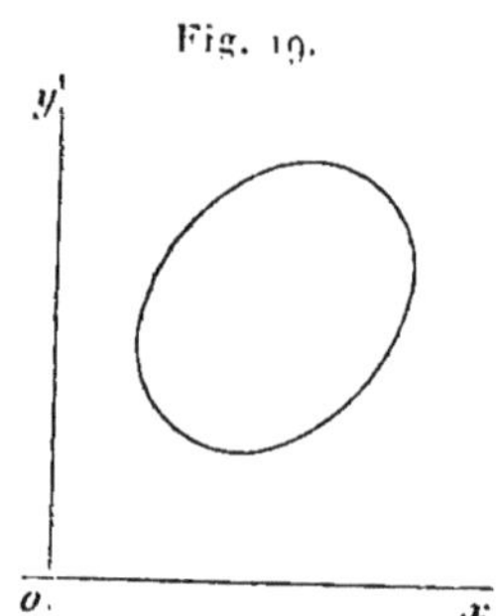

Le principe de l'équivalence apprend que, pour un cycle fermé, on a

$$Eq - \mathfrak{G}r = 0$$

ou encore

$$\int E\,dq - p\,dv = 0.$$

Si le corps ne revient pas à son état primitif, le principe de l'état initial et de l'état final indique que, pour ce cycle ouvert, la valeur de

$$\int E\,dq - p\,dv$$

ne dépend que des extrémités du cycle.

Exprimons ceci analytiquement à l'aide des variables x et y.

Comme nous l'avons vu, que l'on se serve de l'un ou de l'autre des trois systèmes de variables p et v, p et t, v et t, dq est toujours de la forme $A\,dx + B\,dy$, A et B étant des fonctions de x et y. Le travail élémentaire $p\,dv$ est aussi de la même forme, car, dans les systèmes de variables p, v et v, t, cela est évident, et, lorsqu'on se sert du système p, t, on peut écrire

$$dv = \frac{\partial v}{\partial p}dp + \frac{\partial v}{\partial t}dt.$$

ce qui donne encore pour $p\,dv$ une expression de la forme indiquée.

Il résulte de là que l'expression $E\,dq - p\,dv$ est elle-même de la forme $M\,dx + N\,dy$, M et N étant des fonctions de x et de y.

Nous pouvons alors exprimer le premier principe de la Thermodynamique par l'une ou l'autre des deux propositions suivantes :

Pour un cycle fermé, $\int M\,dx + N\,dy = 0$; pour un cycle ouvert, $\int M\,dx + N\,dy$ ne dépend que des extrémités du cycle.

Maintenant, la théorie des intégrales curvilignes nous apprend que ces énoncés, qui sont équivalents l'un à l'autre, le sont encore aux propositions suivantes :

L'expression $M\,dx + N\,dy$ est une différentielle exacte; ou bien

$$\frac{\partial M}{\partial y} = \frac{\partial N}{\partial x} \quad (^1).$$

De là résulte la règle suivante pour exprimer analytiquement le principe de l'équivalence :

On forme, dans le système de variables adopté (que nous désignerons encore par x et y), l'expression de $E\,dq - p\,dv$, laquelle, comme on l'a vu, est de la forme $M\,dx + N\,dy$, puis on écrit l'équation

$$\frac{\partial M}{dy} = \frac{\partial N}{dx}.$$

Exemple. — *Application du principe de l'équivalence à un système quelconque de corps, en prenant pour variables p et v.* L'expression $E\,dq - p\,dv$ est, avec ces variables,

$$E(\lambda\,dv + k\,dp) - p\,dv = (E\lambda - p)\,dv + Ek\,dp.$$

(1) Le lecteur trouvera les explications nécessaires dans deux Notes mathématiques placées à la fin du présent Ouvrage.

D'après la règle ci-dessus formulée, nous écrirons

$$\frac{\partial(E\lambda - p)}{\partial p} = \frac{\partial(Ek)}{\partial v}$$

ou

$$E\frac{\partial\lambda}{\partial p} - 1 = E\frac{\partial k}{\partial v}.$$

Telle est l'expression du principe de l'équivalence. Cette équation est due à Clausius. Elle s'écrit encore

$$\frac{\partial\lambda}{\partial p} - \frac{\partial k}{\partial v} = \frac{1}{E},$$

ce qui montre bien que, comme nous le savions du reste déjà, q n'est pas une fonction de p et de v, autrement dit que dq n'est pas une différentielle exacte, car, si cela était, on devrait avoir

$$\frac{\partial\lambda}{\partial p} - \frac{\partial k}{\partial v} = 0.$$

Autre expression de la quantité de chaleur absorbée par un corps lors d'une transformation élémentaire.

Avec les variables p et v, on a

$$dq = \lambda\, dv + k\, dp.$$

Or, d'une part, l'emploi des variables v et p s'impose dans beaucoup de questions, et, d'autre part, λ et k ne sont pas les coefficients calorimétriques qu'on étudie expérimentalement; ces derniers sont les chaleurs spécifiques C et c. On est donc souvent conduit à conserver p et v comme variables mais à remplacer λ et k par leurs expressions en fonction de C, c et des coefficients thermométriques $\frac{\partial t}{\partial v}$, $\frac{\partial t}{\partial p}$ donnés par l'étude de la dilatation calorifique.

Pour une transformation élémentaire quelconque, on a

$$dq = \lambda\, dv + k\, dp = C\, dt + h\, dp = c\, dt + l\, dv.$$

En faisant $dp = 0$, on obtient $\lambda = C\,\frac{\delta t}{\partial v}$;

En faisant $dv = 0$, on obtient $k = c\,\frac{\partial t}{\partial p}$.

Par conséquent, on a

$$dq = C\,\frac{\partial t}{\partial v}\,dv + c\,\frac{\partial t}{\partial p}\,dp.$$

Cette expression de dq nous sera très utile.

CHAPITRE II.

ÉTUDE SPÉCIALE DES GAZ.

Loi de Joule.

On sait que les gaz suivent les lois de Mariotte et de Gay-Lussac, du moins approximativement. L'expérience a montré qu'ils obéissent en outre à une troisième loi, dite *loi de Joule*, qui s'énonce ainsi : *Lorsqu'un gaz se détend sans accomplir de travail extérieur, il n'y a, finalement, ni changement de température, ni absorption ou dégagement de chaleur.*

La première expérience sur ce sujet est due à Gay-Lussac; Joule en 1845 et, plus tard, Regnault en vérifièrent le résultat.

Voici comment Joule a opéré :

Deux récipients en laiton, H et H′ (*fig.* 20), sont contenus

Fig. 20.

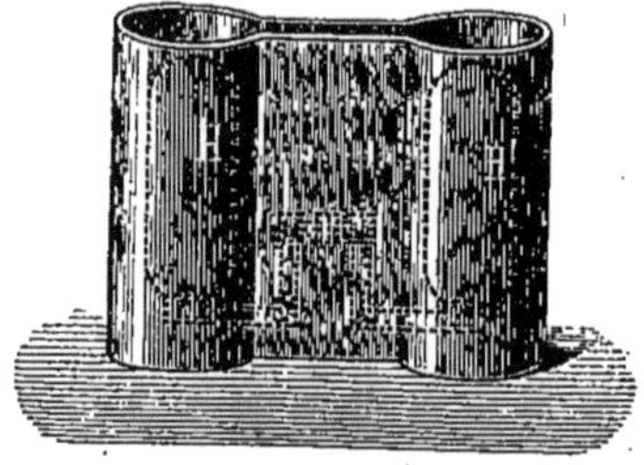

dans un calorimètre dont la forme suit celle des vases, afin que la masse de l'eau qui les baigne soit aussi petite que possible. Ces deux récipients communiquent entre eux par un tube qu'un robinet permet de fermer ou d'ouvrir.

Dans l'un des récipients, H par exemple, du gaz a été comprimé à 22^{atm}; dans l'autre récipient H', on a fait le vide. On ouvre ensuite le robinet de communication : le gaz se détend de façon à remplir les deux récipients; on constate alors que la température du système, eau et gaz, n'a pas changé.

Cette expérience démontre la loi énoncée : le gaz s'est détendu, sa température n'a pas varié; le travail extérieur a été nul, puisque, le récipient H' étant vide, aucune force ne s'est opposée à l'expansion des gaz; il n'y a eu finalement ni dégagement, ni absorption de chaleur.

A l'époque où cette expérience fut répétée par Joule (1845), le résultat sembla inconciliable avec ce fait que, si l'on augmente le volume d'une masse d'air renfermée dans un corps de pompe, il y a refroidissement : « si l'on considère dans le récipient H, qui renferme l'air comprimé, une masse limitée de gaz qui y soit encore contenue lorsque l'expérience est terminée, il est évident que rien ne la distingue de la masse de gaz identique qu'on pourrait de même considérer à part dans l'expérience du corps de pompe; il est impossible qu'il n'y ait pas abaissement de température dans le récipient H (1) ».

Il n'y a rien à objecter à ce raisonnement; seulement il ne contredit en rien le résultat obtenu par Joule : il suffit, en effet, pour que la température du calorimètre ne change pas, qu'il se produise dans le récipient H' un dégagement de chaleur égal à l'absorption de chaleur produite par l'abaissement de la température du vase H. L'expérience a montré qu'il en est ainsi dans la réalité. « Pour le vérifier, Joule n'a eu qu'à renverser l'appareil (*fig.* 21) qui lui avait servi dans l'expérience précédente et à introduire dans des calorimètres spéciaux chacun des récipients et le système des tubes de communication. On constate alors un abaissement de température dans le

(1) Verdet.

calorimètre qui renferme le récipient primitivement plein d'air comprimé, tandis que, dans les deux autres, on ob-

Fig. 21.

serve une élévation de température (1). » La somme des quantités de chaleur absorbée et dégagée donne zéro.

AUTRE FORME DE LA LOI DE JOULE.

Lorsqu'une masse de gaz éprouve une série de transformations quelconques, sa température finale étant toutefois la même que sa température initiale, il y a équivalence entre la chaleur absorbée par le gaz et le travail extérieur.

En effet, supposons que le gaz passe d'un état 1 à un état 2, par une série de transformations quelconques, en accomplissant du travail extérieur, la température étant la même dans l'état 2 que dans l'état 1.

Considérons d'abord le cas où le volume est plus petit dans l'état 2 que dans l'état 1; le gaz étant parvenu à l'état 2, on pourra le laisser revenir à l'état 1 en le détendant dans un récipient vide de grandeur convenable, comme dans les expériences de Gay-Lussac et de Joule, et, lors de cette opération, il n'y aura ni changement de température, ni travail extérieur, ni chaleur absorbée. Le gaz étant ainsi revenu à son état initial, il y a équivalence entre la chaleur qu'il a absorbée et le travail extérieur. Or, pendant le retour de l'état 2 à l'état 1, le travail extérieur et la chaleur

(1) Verdet.

absorbée ont été nuls; donc, dans le passage de l'état 1 à l'état 2, il y a équivalence entre la chaleur absorbée et le travail extérieur.

Dans le cas où le volume dans l'état final 2 est plus grand que dans l'état initial 1, on ne peut employer le mode précédent de démonstration, puisque, dans l'expérience de Joule, il y a nécessairement augmentation de volume. Ce cas se ramène au premier en remarquant que, dans la transformation inverse, l'équivalence existe d'après la démonstration précédente; elle existe donc aussi lors de la transformation proposée.

On voit que, dans le cas d'un gaz, il n'est pas nécessaire pour qu'il y ait équivalence que le gaz revienne complètement à son premier état : il suffit que la température soit la même dans l'état final que dans l'état initial; il est indifférent que le volume et la pression aient changé.

CONSÉQUENCE.

Pour chaque gaz, la valeur de $C - c$ *est constante.*

Enfermons l'unité de masse du gaz dans un corps de pompe muni d'un piston; élevons la température de dt en maintenant la pression constante : le volume augmente de dv et le travail extérieur a pour valeur $p\,dv = p_0\,v_0\,\alpha\,dt$; la quantité de chaleur absorbée est $C\,dt$; ramenons la température à t degrés sans changer le volume, et, par conséquent, sans qu'il y ait de travail accompli : une quantité de chaleur $c\,dt$ est alors dégagée. Les températures initiale et finale étant égales, il y a, d'après la loi de Joule, équivalence entre $(C - c)\,dt$ et $p_0\,v_0\,\alpha\,dt$, ce qui donne $E\,(C - c) = p_0\,v_0\,\alpha$. C. Q. F. D.

Nous avions déjà établi cette relation, en supposant d'avance C et c constants [1] et nous avons vu qu'elle peut servir à la détermination de E (*voir* p. 22).

---

[1] Rien ne prouve, ni théoriquement, ni expérimentalement que C

EXPRESSION DE dq DANS LE CAS DES GAZ.

Revenons à l'expression générale précédemment trouvée :

$$dq = C \frac{\partial t}{\partial v} dv + c \frac{\partial t}{\partial p} dp.$$

Dans les cas des gaz, l'équation d'état étant

$$pv = p_0 v_0 (1 + \alpha t),$$

on a

$$\frac{\partial t}{\partial v} = \frac{p}{p_0 v_0 \alpha} \quad \text{et} \quad \frac{\partial t}{\partial p} = \frac{v}{p_0 v_0 \alpha}$$

et, par suite,

$$dq = \frac{Cp\,dv + cv\,dp}{p_0 v_0 \alpha}.$$

Détente des gaz sans transmission de chaleur.

Nous allons chercher la relation qui existe entre le volume et la pression d'une masse gazeuse, lorsqu'on fait varier ces quantités en empêchant tout échange de chaleur entre le gaz et les corps extérieurs. Ce mode de transformation est dit *adiabatique* [1]. Pour se la représenter, on peut imaginer que le gaz est renfermé dans un corps de pompe muni d'un piston, l'un et l'autre étant formés d'une substance totalement imperméable à la chaleur.

Lors d'une transformation adiabatique, dq est nul, et l'on a l'équation

$$Cp\,dv + cv\,dp = 0.$$

---

et c, ni même $\frac{C}{c}$, soient indépendants de la température (Pellat, *Thermodynamique*, p. 215).

[1] De ἀδιάβατος, *impénétrable*. Cette dénomination a été introduite par Rankine.

Pour l'intégrer, séparons les variables en écrivant l'équation sous la forme

$$\frac{dp}{p} = -\frac{C}{c}\frac{dv}{v};$$

on en tire

$$\mathcal{L}p = -\frac{C}{c}\mathcal{L}v + \mathcal{L}\,\text{const}.$$

ou

$$\mathcal{L}pv^{\frac{C}{c}} = \mathcal{L}\,\text{const}.,$$

d'où

$$pv^{\frac{C}{c}} = \text{const}.$$

Telle est la relation cherchée. On l'appelle *équation de Laplace*, ou *équation de Poisson* : ces deux géomètres l'avaient établie indépendamment de la Thermodynamique, en admettant que le rapport C était indépendant de la température et de la pression, ce que des expériences de Gay-Lussac et Welter tendaient à établir. Si, sur le diagramme du volume et de la pression, on trace la courbe représentative des différents états d'un corps éprouvant une transformation adiabatique, cette ligne s'appelle une *ligne adiabatique*. Dans le cas d'un gaz, une telle ligne a pour équation

$$pv^{\frac{C}{c}} = \text{const}.$$

Méthode de Clément et Desormes pour déterminer $\frac{C}{c}$.

Une masse de gaz éprouvant une transformation adiabatique, si l'on considère deux états 1 et 2 de cette masse au cours de la transformation, on a, d'après l'équation de Laplace-Poisson,

$$p_2 v_2^{\frac{C}{c}} = p_1 v_1^{\frac{C}{c}} \quad \text{ou} \quad \frac{p_2}{p_1} = \left(\frac{v_1}{v_2}\right)^{\frac{C}{c}}.$$

Si maintenant l'on désigne par δ_1 et δ_2 la densité du gaz dans les deux états considérés, on a

$$\frac{v_1}{v_2} = \frac{\delta_2}{\delta_1}$$

et, par conséquent,

$$\log \frac{p_2}{p_1} = \frac{C}{c} \log \frac{\delta_2}{\delta_1},$$

d'où

$$\frac{C}{c} = \frac{\log \frac{p_2}{p_1}}{\log \frac{\delta_2}{\delta_1}}.$$

De là, la méthode suivante pour déterminer $\frac{C}{c}$: produire une transformation adiabatique quelconque d'une masse de gaz, et déterminer le rapport des pressions et le rapport des densités à la fin et au début de l'opération.

L'expérience de Clément et Desormes réalise ce programme.

Un ballon A (*fig.* 22), de 20 litres environ de capacité, porte à son col une garniture métallique munie d'un robinet B à large ouverture. Au-dessous de ce robinet, la garniture est percée d'une ouverture latérale à laquelle est ajusté un tube horizontal muni d'un robinet C; de ce tube horizontal, descend, avant le robinet C, une branche verticale en verre, qui plonge dans un vase contenant de l'acide sulfurique ; elle est destinée à servir de manomètre pour mesurer la pression de l'air contenu dans le ballon.

Voici en quoi consiste l'expérience :

On ferme B, puis on relie le tube latéral à une machine pneumatique et l'on raréfie un peu l'air du ballon; on ferme ensuite le robinet C. Soit H la hauteur à laquelle s'élèverait un baromètre qui serait construit avec de l'acide sulfurique au lieu de mercure, et soit h_1 la hauteur de l'acide dans le tube manométrique : la pression dans le ballon correspond à une hauteur d'acide égale à $H - h_1$. On ouvre le robinet B : aussitôt l'air extérieur vient comprimer celui du ballon et le ramener à la pression atmosphérique; lorsque l'équilibre est établi, ce dont on est averti par la cessation du sifflement et par l'indication du manomètre, qui est alors zéro (il faut pour cela moins d'une demi-seconde), on ferme subitement le robinet B.

Fig. 22.

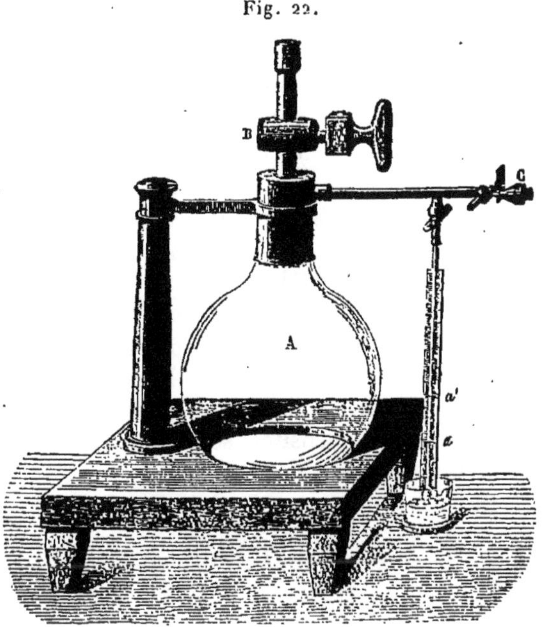

A ce moment, l'équilibre de pression a lieu entre l'air extérieur et l'air du ballon, l'air du ballon n'ayant pas toutefois la même densité que l'air extérieur, parce que, par suite de la compression, la température de l'air du ballon s'est élevée. En raison du peu de temps pendant lequel le robinet a été ouvert, on peut considérer la transformation comme sensiblement adiabatique. Si nous considérons une masse limitée d'air qui soit contenue dans le ballon pendant toute la durée de l'expérience, nous pourrons lui appliquer l'équation

$$\frac{C}{c} = \frac{\log\frac{p_2}{p_1}}{\log\frac{\delta_2}{\delta_1}} = \frac{\log\frac{H}{H-h_1}}{\log\frac{\delta_2}{\delta_1}}.$$

La valeur du numérateur est connue. Celle du dénominateur peut être obtenue de la manière suivante : δ_2 est la densité de l'air au moment où l'on a fermé le robinet; après cette fermeture, l'air intérieur se refroidit et sa pression diminue sans que son volume change, car la diminution de volume due à l'ascension de l'acide dans le manomètre est négligeable : une fois la température de l'intérieur redevenue égale à la température ambiante. l'acide occupe dans le manomètre une certaine hauteur h, Lors de ce refroidissement, la densité a conservé la valeur δ_2, puisque le volume est demeuré invariable; la pression correspond à la hauteur $H - h$. Comparons les états de l'air avant l'ouverture du robinet B et en dernier lieu; la température étant la même, on peut écrire que, dans ces deux états, les densités sont proportionnelles aux pressions, ce qui donne

$$\frac{\delta_2}{\delta_1} = \frac{H-h}{H-h_1}.$$

On a ainsi finalement

$$\frac{C}{c} = \frac{\log H - \log(H-h_1)}{\log(H-h) - \log(H-h_1)} \quad (^1).$$

---

(1) On rencontre dans beaucoup de livres une formule approchée, obtenue en supposant h_1 et h très petits vis-à-vis de H; c'est

$$C = \frac{h_1}{h_1 - h}.$$

On peut la déduire de la formule exacte, donnée ici, en développant en série chacun des deux termes de la fraction et ne conservant que les premiers termes des séries.

Les expériences les plus précises faites par la méthode de Clément et Desormes sont celles de Röntgen. Il employait un récipient de verre de 70 litres et opérait avec des changements de pression extrêmement faibles, qu'il mesurait à l'aide d'un manomètre métallique muni d'un miroir et donnant des indications très rapides et très précises; il a ainsi trouvé $\frac{C}{c} = 1,4053$. Il y a avantage à employer un grand récipient, parce que le rapport de la surface au volume est d'autant plus petit que les dimensions sont plus grandes et qu'ainsi le refroidissement est atténué; c'est également pour le diminuer qu'on opère avec des variations de pression très faibles.

REFROIDISSEMENT D'UN GAZ PAR LA DÉTENTE.

Soit un gaz dont on diminue brusquement la pression : nous nous proposons d'évaluer la variation de température qui en résulte.

La détente étant presque instantanée, il n'y a aucun échange de chaleur appréciable entre le gaz et son enveloppe et, par suite, la transformation peut être considérée comme adiabatique; en désignant par p_1, v_1, t_1 et p, v, t la pression, le volume et la température du gaz avant et après la détente, on a

$$p v^{\frac{C}{c}} = p_1 v_1^{\frac{C}{c}}.$$

Pour déduire de là la variation de température, il faut remplacer la variable v par la variable t, autrement dit éliminer $\frac{v}{v_1}$ entre l'équation précédente et l'équation d'état

$$\frac{1+\alpha t}{1+\alpha t_1} = \frac{pv}{p_1 v_1}.$$

La première équation s'écrit, en extrayant la racine $\left(\frac{C}{c}\right)^{\text{ième}}$,

$$p^{\frac{c}{C}} v = p_1^{\frac{c}{C}} v_1,$$

ou

$$pvp^{\frac{c}{C}-1} = p_1 v_1 p_1^{\frac{c}{C}-1},$$

ou encore

$$\frac{pv}{p_1 v_1} = \left(\frac{p_1}{p}\right)^{\frac{c}{C}-1} = \left(\frac{p}{p_1}\right)^{1-\frac{c}{C}}.$$

Maintenant C est, en nombre rond,

$$1,4 = \frac{7}{5}$$

et, par suite,

$$1 - \frac{c}{C} = \frac{2}{7}.$$

On a donc finalement, en vertu de l'équation fondamentale,

$$\frac{1+\alpha t}{1+\alpha t_1} = \left(\frac{p}{p_1}\right)^{\frac{2}{7}};$$

équation qui donne t.

Exemple. — Supposons qu'une masse de gaz passe brusquement de la pression de 10^{atm} à celle de 1^{atm}; on a

$$\frac{p}{p_1} = \frac{1}{10},$$

d'où

$$\frac{1+\alpha t}{1+\alpha t_1} = \left(\frac{1}{10}\right)^{\frac{2}{7}} = 0,518.$$

Si $t_1 = 20^{\circ}$, on a

$$t = -121^{\circ},23.$$

On obtient ainsi par la détente des refroidissements considérables, qui ont été souvent utilisés.

Expression analytique de la loi de Joule.

Pour une transformation isotherme infiniment petite, on a $dq = l\,dv$; d'après la loi de Joule, il y a équivalence entre dq et le travail extérieur, ce qui donne

$$E\,dq = p\,dv\,;$$

on a donc

$$E\,l\,dv = p\,dv \qquad \text{ou} \qquad l = \frac{p}{E}.$$

Cette équation exprime analytiquement la loi de Joule.

Expériences de Joule et Lord Kelvin sur l'écoulement des gaz.

La loi de Joule est-elle rigoureusement exacte, ou bien est-elle seulement approximative, comme celles de Mariotte et de Gay-Lussac ?

Pour résoudre cette question, Joule et Lord Kelvin ont employé une méthode extrêmement sensible, fondée sur l'étude des phénomènes thermiques qui accompagnent l'écoulement des gaz.

Un long tube MM′ (*fig.* 23), dont les parois sont imperméables à la chaleur, est partagé en deux parties par un tampon OO′ en coton ou en bourre de soie; l'extrémité M est en communication avec un réservoir rempli de gaz comprimé dont nous désignerons la pression par p_1; l'autre extrémité M′ débouche dans un réservoir contenant le même gaz à une pression plus faible p_0. Le tampon, suffisamment serré, est alors traversé par un courant de gaz très lent, la pression étant sensiblement p_1 dans toute l'étendue de la portion MO du tube et p_0 dans toute l'étendue de la portion O′M′. Des thermomètres très sensibles donnent les températures du gaz près des deux faces du tampon.

Fig. 23.

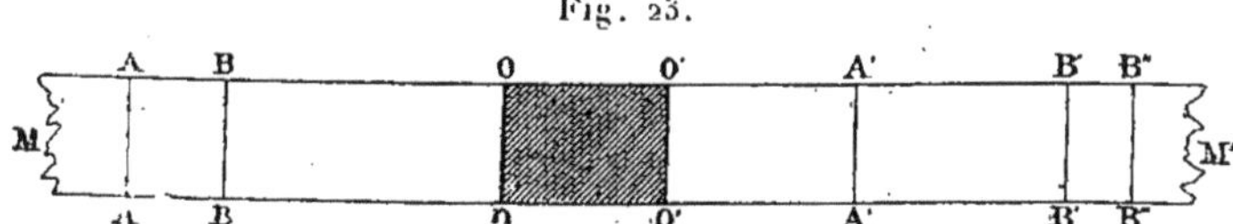

Considérons la masse de gaz comprise entre deux sections

quelconques AA et A′A′ du tube situées de part et d'autre du tampon, et attendons que l'unité de masse du gaz ait traversé le tampon. A ce moment, la tranche contiguë à AA a pris une nouvelle position BB, et la tranche contigue à A′A′ a pris une autre position B′B′; l'état de la portion BA′ n'ayant pas changé, c'est, en vertu du principe de l'état initial et de l'état final, comme si l'unité de masse de gaz avait passé de AB en A′B′. Si le gaz s'est refroidi, on peut imaginer qu'en lui communiquant, quand il occupe la position A′B′, une quantité de chaleur convenable, on ramène sa température à sa valeur primitive, tout en lui conservant la pression p_0; son volume augmentera alors et deviendra A′B″.

De cette façon, l'unité de masse de gaz aura passé de la pression p_1 à la pression p_0, sa température étant la même. Le travail extérieur est la somme, changée de signe, des travaux accomplis par les forces extérieures lorsque la tranche A se transporte en B et la tranche A′ en B″; ω désignant la section du tube, la force extérieure qui agit sur AA est p_1 et le travail de cette force est $p_1 \omega \times AB$, ou, en désignant par v_1 le volume spécifique, $p_1 v_1$; de même, le travail de la force extérieure qui agit sur A′A′ est $-p_0 v_0$. Le travail extérieur total est donc $-(p_1 v_1 - p_0 v_0)$, v_1 et v_0 sont les volumes de l'unité de masse du gaz sous les pressions p_1 et p_0, à la température du gaz avant la détente.

D'autre part, si l'on appelle θ la différence de température accusée par les thermomètres entre les deux faces du tampon, en l'estimant comme une élévation de température, on a communiqué à l'unité de masse du gaz, pour la ramener à sa température primitive, une quantité de chaleur capable d'accroître sa température de $-\theta$, la pression demeurant constante; cette quantité de chaleur est $-C\theta$. Si la loi de Joule était exacte, cette quantité de chaleur serait l'équivalent calorifique du travail extérieur, puisque la température de la masse de gaz est redevenue la même, et l'on devrait avoir

$$-EC\theta + p_1 v_1 - p_0 v_0 = 0.$$

Dans le cas d'un gaz supposé parfait,

$$p_1 v_1 - p_0 v_0 = 0;$$

donc θ devrait être nul.

Or l'expérience a montré à Joule et à Lord Kelvin que, pour l'air et l'anhydride carbonique, θ est négatif : autrement dit il y a refroidissement par la détente. Pour l'hydrogène, θ est positif, mais extrêmement petit : il y a donc une élévation de température très faible par la détente.

Les mesures de Regnault nous fournissent d'autre part les valeurs de $p_1 v_1 - p_0 v_0$. Les calculs effectués ont donné ce résultat que, pour les trois gaz étudiés, il y a déficit de travail; la valeur de $-\mathrm{E\,C}\,\theta + p_1 v_1 - p_0 v_0$ est précisément ce qui manque au travail extérieur pour former l'équivalent mécanique de la chaleur fournie au gaz.

Le rapport du travail manquant au travail extérieur est, d'après Lord Kelvin :

pour l'hydrogène..................	$\frac{1}{1250}$
pour l'air......................	$\frac{1}{500}$
pour l'anhydride carbonique......	$\frac{1}{125}$

le tout pour un changement de volume très faible, à la température de 20° et sous une pression voisine de la pression atmosphérique normale.

Pour l'anhydride carbonique, à la température de 91°, 5, le rapport n'est plus que $\frac{1}{650}$.

En résumé, les gaz ne suivent pas rigoureusement la loi de Joule, mais ils s'en écartent très peu, et d'autant moins qu'ils s'écartent moins de la loi de Mariotte.

Dans les machines de Linde et de Hampson pour liquéfier l'air, le refroidissement est obtenu, partiellement du moins, grâce à un phénomène analogue à celui qu'ont observé Joule et Lord Kelvin; de même encore dans les expériences de Kamerlingh Onnes sur l'hélium. Toutefois, dans tous ces appareils, les phénomènes sont très complexes.

CHAPITRE III.

SECOND PRINCIPE DE LA THERMODYNAMIQUE OU PRINCIPE DE CARNOT.

Réversibilité et irréversibilité des transformations.

Si une transformation d'un corps est telle que l'on puisse ensuite le ramener à son état primitif en lui faisant reprendre en ordre inverse les mêmes états successifs, on dit que cette transformation est *réversible,* pourvu que la condition suivante soit remplie : considérons l'une quelconque des transformations élémentaires dont la succession forme la transformation subie par le corps C, et désignons par A la source de chaleur qui, lors de cette transformation élémentaire, cède à C une certaine quantité de chaleur dq; il faut que, lors de la transformation élémentaire inverse de la première, C restitue *dq à la même source* A.

Comme exemple, considérons une masse fluide C immergée dans un milieu fluide ambiant avec lequel elle ne puisse pas se mêler, et en équilibre mécanique et thermique; la température et la pression sont alors uniformes dans toute l'étendue de C et sont égales à la pression et à la température du milieu ambiant. Représentons l'état de C par un point du diagramme dont les coordonnées sont la température et la pression. Soit M l'état de C à un instant quelconque (*fig.* 24); les deux conditions d'équilibre de température et de pression étant remplies, les coordonnées du point M sont également la température et la pression du milieu ambiant. Si nous voulons faire parcourir au corps C un arc infiniment petit MM′, il suffira de donner à ce milieu la pression et la température représentées par les coordonnées de M′ : alors, en effet, la température et la pression de C deviendront d'elles-mêmes celles du

Fig. 24.

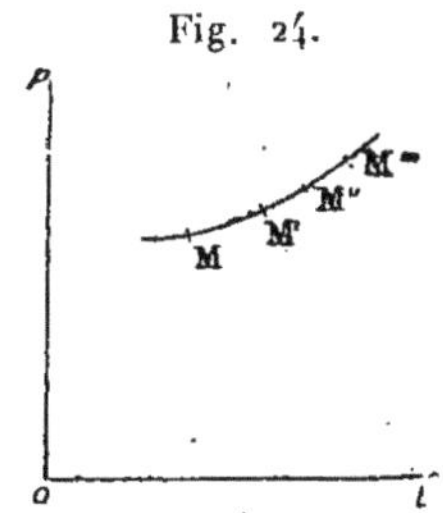

milieu; le corps étant ainsi parvenu à l'état M′, si l'on veut l'amener à un autre état infiniment voisin M″, il suffira de donner au milieu ambiant la température et la pression représentées par les coordonnées du point M″, et ainsi de suite. On aura soin de procéder très lentement, de manière que la pression et la température aient le temps de s'égaliser parfaitement entre le corps C et le milieu avec lequel il est en contact. Il est clair que, par ce procédé, on pourra faire parcourir au corps C telle trajectoire que l'on voudra et dans le sens que l'on voudra. Deux transformations exactement inverses l'une de l'autre étant opérées de cette façon, comme le milieu ambiant récupère dans chaque phase de la transformation inverse la quantité de chaleur qu'il a cédée dans la phase correspondante de la transformation directe, toutes les conditions qui définissent la réversibilité sont remplies.

Si l'une ou l'autre des conditions d'égalité de pression et de température entre le corps C et le milieu ambiant n'était pas remplie pendant tout le cours d'une transformation, celle-ci ne serait pas réversible. Par exemple, si C est plus froid que le milieu, il lui empruntera de la chaleur en se dilatant, mais ne pourra lui en restituer en se contractant : la réversibilité n'existe donc pas. Si, au contraire, C était plus chaud que le milieu, la dilatation serait impossible. De même, si la pression de C est plus forte que celle du milieu, il pourra se détendre, mais ne pourra diminuer de volume; si la pression de C est plus faible que celle du milieu, C pourra diminuer de volume, mais non se détendre.

Si des chocs, des frottements, se produisent au cours d'une transformation, celle-ci est irréversible, car ces phénomènes permettent bien la transformation de travail en chaleur, mais non la transformation inverse. De même, l'échauffement produit par le passage d'un courant électrique, la détente dans le vide, etc., sont des opérations irréversibles. Dans ce qui suit, nous supposerons toujours que de telles causes d'irréversibilité sont écartées.

Il y a un cas particulièrement simple où la transformation d'un corps est réversible : c'est lorsqu'elle a lieu dans des conditions telles qu'aucun échange de chaleur ne peut se produire entre le corps et les corps environnants, ce qu'on exprime en disant qu'elle est *adiabatique*. Imaginons, par exemple, que le corps soit renfermé dans un corps de pompe muni d'un piston, formés l'un et l'autre d'une substance imperméable à la chaleur : deux déplacements du piston inverses l'un de l'autre produiront des transformations exactement inverses l'une de l'autre sous tous les rapports : volume, production de chaleur, et, par suite, température et pression.

Remarque. — En réalité, sauf le cas d'une transformation adiabatique, une transformation ne peut jamais être strictement réversible, car, si l'équilibre de température et de pression existait rigoureusement entre le corps et le milieu, aucune transformation ne se produirait : il suffit d'ailleurs, comme on l'a vu dans l'exemple ci-dessus, d'une différence infiniment petite entre la pression ou la température de C et celles du milieu pour qu'une transformation se produise. On peut ainsi approcher autant qu'on le veut des conditions de réversibilité, et cela justifie les raisonnements dans lesquels il est question de transformations réversibles.

Dans le présent Ouvrage, nous nous occuperons exclusivement de transformations réversibles.

Des machines thermiques (1).

On appelle *machine thermique* tout système capable de convertir indéfiniment de la chaleur en travail : par exemple, une machine à vapeur à condenseur, ou toute autre machine mettant en jeu un corps dont on fait varier périodiquement la température, dont les dilatations et contractions successives donnent lieu à du travail et qui est ramené finalement à son état initial; dans une telle machine, il y a un *foyer ou source chaude*, auquel le corps en jeu dans la machine prend de la chaleur, et un *réfrigérant ou source froide*, qui ramène le corps à l'état initial afin de pouvoir recommencer : on a ainsi accompli ce qu'on appelle une *opération complète.*

Une machine thermique est dite *réversible* lorsque toutes les transformations que subit le corps qu'elle met en jeu sont réversibles; dans ce cas, on pourra faire fonctionner la machine à rebours, en l'actionnant à l'aide d'un moteur : elle absorbera alors du travail, cédera de la chaleur à la source chaude et en prendra à la source froide.

Une machine thermique est d'autant plus avantageuse que, pour une quantité donnée de chaleur prise au foyer, elle fournit un travail plus grand, autrement dit, que le rapport du travail qu'elle accomplit à l'équivalent mécanique de la quantité de chaleur qu'elle prend au foyer est un nombre plus grand : ce rapport s'appelle le *rendement.* Si l'on désigne par $\mathfrak{T}r$ le travail accompli et par q la quantité de chaleur prise au foyer pendant une opération complète, le rendement est $\frac{\mathfrak{T}r}{Eq}$; si l'on désigne par q' la quantité de chaleur cédée en même temps au réfrigérant,

(1) Dans l'exposé du principe de Carnot et dans la théorie des températures absolues, on a fait de nombreux emprunts, parfois textuels, au *Cours de Thermodynamique* de M. G. Lippmann.

$\mathcal{E}r$ est l'équivalent mécanique de $q - q'$, autrement dit $\mathcal{E}r = E(q - q')$, et, par conséquent, le rendement peut s'écrire $\frac{q - q'}{q}$.

En étudiant ce rendement afin de rechercher la meilleure construction des machines à feu, Sadi Carnot, capitaine du Génie, ancien élève de l'École Polytechnique, né en 1796 et mort en 1832, a fait une découverte capitale, qu'il a exposée dans un Ouvrage très court, publié en 1824, et ayant pour titre : *Réflexions sur la puissance motrice du feu et sur les machines propres à développer cette puissance*. Ce que S. Carnot appelle *puissance motrice du feu* est le rapport $\frac{\mathcal{E}r}{q}$, lequel ne diffère du rendement que par le facteur constant E, et, par conséquent, joue le même rôle que celui-ci dans l'étude de l'efficacité des machines à feu.

S. Carnot se pose la question suivante : Y a-t-il une machine dont le rendement soit plus grand que celui des autres ? Il donne lui-même les deux réponses suivantes :

Si l'on considère toutes les machines fonctionnant à l'aide d'une source chaude et d'une source froide de températures déterminées :

1° *Une machine réversible n'est inférieure en rendement à aucune autre, réversible ou non réversible;*

2° *Le rendement est le même pour toutes les machines réversibles, et ce rendement commun est alors le rendement maximum.*

Postulatum et principe de Carnot.

Dans une machine à vapeur, il y a un foyer et un réfrigérant. S. Carnot a su reconnaître que cette nécessité d'une source chaude et d'une source froide a une signification capitale dans l'étude de la puissance motrice du feu; il l'admet par induction pour toute machine thermique, et formule le *postulatum* suivant : *Une machine thermique ne peut fonctionner sans prendre de la chaleur à une* source chaude *et sans en céder à une* source froide, *autrement dit sans chute de chaleur* (1).

Nous allons voir que, de ce postulatum, on peut déduire les deux propositions de Carnot relatives au rendement.

PREMIÈRE PROPOSITION.

Deux sources de chaleur à des températures déterminées étant données, si, à l'aide de ces sources, on fait fonctionner une machine thermique réversible M *et une machine thermique* M_1, *réversible ou non, le rendement de* M *n'est pas inférieur à celui de* M_1.

Réglons la marche des deux machines de façon qu'elles prennent à la source chaude des quantités de chaleur égales entre elles pendant un intervalle de temps tel que, à la fin de cet intervalle, chacune des machines soit dans le même état qu'au début de l'intervalle.

Cela peut toujours se faire : si, par exemple, M prend à la source chaude 3^{Cal} par coup de piston, et si M_1 prend 7^{Cal} par coup de piston, nous réglerons la marche des machines de façon que M donne 7 coups de piston pendant que M_1 en donne 3; de cette façon, après 7 coups de piston de M, ou 3 de M_1, l'état initial sera rétabli et les deux machines auront pris à la source chaude des quantités de chaleur égales.

Pendant une telle période, M produit un travail T, et M_1 un travail T_1; je dis que T_1 n'est pas plus grand que T. Supposons en effet que cela soit; nous pourrons alors nous servir de M_1 comme moteur pour faire fonctionner M à rebours, et l'ensemble des deux machines formera une machine thermique qui, pendant une période, produira une quantité de travail $T_1 - T > 0$. Remarquons maintenant que la source chaude cède q à M_1 et reçoit q de M; cette

(1) Carnot a été guidé par l'analogie avec les moteurs hydrauliques, lesquels prennent de l'eau à un niveau élevé et la rendent à un niveau plus bas.

source est donc inutile et l'on peut la supprimer. L'ensemble des deux machines forme ainsi une machine thermique produisant du travail avec une seule source, ce qui est contraire au *postulatum*. Il n'est donc pas possible que T_1 soit plus grand que T. Comme les quantités de chaleur prises à la source chaude sont les mêmes, le rendement de la machine réversible ne peut être inférieur à celui de l'autre machine, réversible ou non [1]. C. Q. F. D.

SECONDE PROPOSITION.

Deux sources de chaleur à des températures déterminées étant données, toutes les machines réversibles fonctionnant à l'aide de ces deux sources ont le même rendement.

En effet, deux machines réversibles étant données, comme le rendement de l'une ne peut être inférieur à celui de l'autre, il faut que leurs rendements soient les mêmes : ce rendement est ainsi commun à toutes les machines réversibles fonctionnant entre deux sources à des températures données.

Cette proposition porte le nom de *Principe de Carnot*.

Voici l'énoncé qu'en donne Carnot : « *La puissance motrice de la chaleur est indépendante des agents mis en œuvre pour la réaliser; sa quantité est fixée uniquement*

---

[1] Carnot avait raisonné dans l'hypothèse de la conservation du calorique. Clausius montra, en 1849, que la conclusion de Carnot est conciliable avec le principe de l'équivalence. Sa démonstration, sur laquelle est calquée celle que nous donnons ici, est fondée sur le postulatum suivant : « *La chaleur ne peut jamais passer d'elle-même d'un corps sur un autre plus chaud que lui, c'est-à-dire qu'elle ne le peut sans que, pour opérer ce passage, il se produise quelque autre changement en général une dépense de travail* ». Ce postulatum, convenablement précisé, est, en réalité, équivalent à celui de Carnot (*voir* H. POINCARÉ, *Thermodynamique*, p. 121).

Lord Kelvin (William Thomson) a adopté le suivant, vers la même époque ; « Il est impossible, par le moyen d'un intermédiaire matériel inanimé, d'obtenir du travail d'une portion de matière en la refroidissant à une température inférieure à celle du plus froid des corps environnants ».

par les températures des corps entre lesquels se fait en dernier résultat l'échange du calorique. »

Il dit aussi, dans un autre endroit : « *Le maximum de puissance motrice réalisé par l'emploi de la vapeur est le maximum de puissance motrice réalisable par quelque agent que ce soit.* »

En appelant q et q' les quantités de chaleur prise à la source chaude et cédée à la source froide pendant une opération complète, le rendement est $\frac{q-q'}{q} = 1 - \frac{q'}{q}$; le rapport $\frac{q'}{q}$, qu'on appelle *coefficient de perte*, est donc le même pour toutes les machines réversibles fonctionnant entre deux températures déterminées. C'est là une autre manière d'énoncer le *Principe de Carnot*.

VÉRIFICATION EXPÉRIMENTALE DU PRINCIPE DE CARNOT.

Comme le postulatum de Carnot, qui sert de base à la démonstration de son principe, est une pure induction, il était nécessaire de soumettre ce principe à des vérifications expérimentales. C'est ce que S. Carnot lui-même a essayé en se servant des données expérimentales, imparfaites d'ailleurs, qu'on possédait de son temps.

Pour une machine réversible à air chaud, fonctionnant entre 0° et 1°, il trouve $\frac{\mathfrak{T}r}{q} = 1{,}395$; pour une machine à vapeur d'eau fonctionnant entre les mêmes températures, il trouve 1,290.

Pour une machine à vapeur d'eau et un moteur à vapeur d'alcool fonctionnant entre les températures 78°, 7 et 77°, 7, il trouve respectivement 1,212 et 1,230.

Les écarts de ces nombres entre eux sont de l'ordre de grandeur des erreurs des données expérimentales sur lesquelles sont fondés les calculs de Carnot.

En 1848, Lord Kelvin a étendu la vérification du principe de Carnot en se servant de données expérimentales plus précises, en particulier de nombres dus à Regnault.

Il a fait le calcul du rendement pour cinq agents différents : l'eau, l'air, l'éther éthylique, l'alcool, l'essence de térébenthine.

Les écarts des rendements ainsi calculés sont extrêmement faibles et de l'ordre des erreurs des déterminations expérimentales servant de base au calcul numérique.

Nous trouverons d'ailleurs une autre vérification du principe de Carnot dans l'accord de ses conséquences avec l'expérience : conséquences relatives au déplacement du point de fusion sous l'influence de la pression, à la condensation pendant la détente, au volume spécifique des vapeurs saturées, etc.

Le principe de Carnot est ainsi une loi physique expérimentale : Carnot, par une induction de son génie pénétrant, en a reconnu l'existence; ensuite l'expérience l'a vérifiée.

Remarque. — Si l'on fait fonctionner une machine réversible entre une certaine source chaude A et successivement plusieurs sources froides, A′, A″, ..., le rendement est d'autant plus grand que la température de la source froide est plus basse. Soit, par exemple, la source A″ plus froide que A′. Faisons fonctionner une machine réversible entre A et A′, puis servons-nous de la chaleur qu'elle cède à A′ pour faire marcher une seconde machine réversible entre A′ et A″. L'ensemble des deux machines forme une machine réversible fonctionnant entre A et A″, laquelle produit plus de travail que la première pour le même emprunt de chaleur à la source chaude.

De même, si l'on fait fonctionner une machine réversible entre une source froide et successivement diverses sources chaudes, le rendement est d'autant plus grand que la température de la source chaude est plus élevée.

Lignes adiabatiques.

Comme il a été dit plus haut, si un corps éprouve une série de transformations dans des conditions telles qu'aucun échange de chaleur n'a lieu entre ce corps et les corps extérieurs, la courbe représentative des états successifs de ce corps sur le diagramme *pv* s'appelle une *ligne adiabatique*.

Un état quelconque d'un corps étant donné, on peut, à partir de cet état, lui faire subir une transformation adiabatique; ainsi, par chaque point du diagramme, on peut faire passer une ligne adiabatique.

Si par un point (*fig.* 25) on mène la ligne isotherme et

Fig. 25.

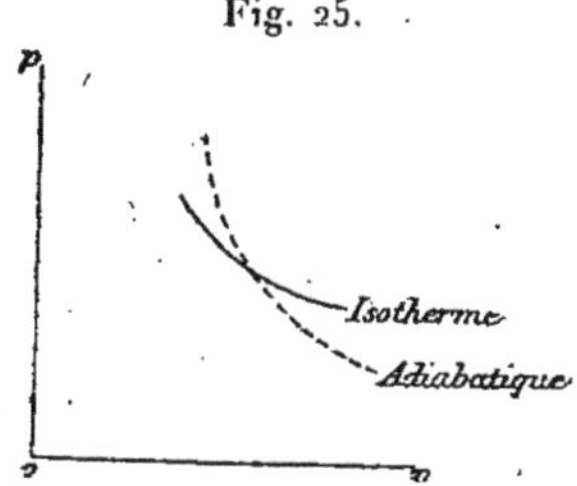

la ligne adiabatique, la tangente à la ligne adiabatique fait toujours avec l'axe des volumes un angle aigu plus grand que la tangente à la ligne isotherme : autrement dit, pour diminuer le volume d'un corps d'une certaine quantité en le comprimant, il faut un surcroît de pression plus grand si l'on empêche l'échange de chaleur que si l'on maintient la température constante. Si, en effet, nous comprimons le corps adiabatiquement, sa température s'élève, et, par conséquent, pour une diminution de volume donnée, sa pression s'accroît plus que si, la température étant maintenue constante, la même diminution de volume eût eu lieu. Il existe, il est vrai, des corps qui diminuent de volume quand on les échauffe (par exemple, l'eau entre 0° et 4°), mais l'expérience montre que ces mêmes corps se refroidissent par la compression; si donc on comprime un tel corps adiabatiquement, sa température s'abaisse et, en conséquence, sa pression s'élève plus que si l'on maintenait sa température constante.

La même relation entre les inclinaisons d'une isotherme

et d'une adiabatique a encore lieu pour un corps en partie à l'état liquide et à l'état gazeux. Si, en effet, on diminue le volume, de la vapeur se liquéfie et de la chaleur latente est mise en liberté : si cette chaleur peut s'échapper, la température et la pression demeurent constantes; si elle est emprisonnée, il y a échauffement, d'où augmentation de pression, ce qui est conforme à la loi énoncée.

Cela est encore vrai pour un corps en partie à l'état solide et à l'état liquide. Dans ce cas, les isothermes sont des parallèles à l'axe des volumes (*voir* p. 28). Prenons comme exemple un mélange de glace et d'eau [1].

Diminuons son volume en le comprimant : de la glace fond (ce qu'on peut s'expliquer en considérant que, comme elle est moins dense que l'eau, sa fusion favorise l'action de la pression) et de la chaleur est absorbée. Si la chaleur nécessaire est fournie par les corps extérieurs, la température et la pression demeurent constantes; si elle ne l'est pas, le mélange se refroidit, une moindre quantité de glace est fondue, et la pression augmente : par conséquent, le long d'une adiabatique $\frac{dp}{dv}$ est négatif, tandis que, le long d'une isotherme, il est nul.

C'est ainsi un fait général que la tangente à l'adiabatique se rapproche plus de la direction de l'axe des pressions que la tangente à l'isotherme.

Machine de Carnot. — Cycle de Carnot.

Parmi les machines réversibles, la plus simple, *théoriquement*, est celle à laquelle C. Maxwell a donné le nom de *machine de Carnot*.

Le corps C, qui est en jeu dans cette machine, est renfermé dans un corps de pompe muni d'un piston (*fig.* 26); nous supposerons que les parois latérales du corps de pompe et le piston lui-même soient formés d'une substance absolument imperméable à la chaleur, tandis que, au

[1] TAIT, *Heat*, p. 311.

contraire, le fond du cylindre est extrêmement mince et parfaitement conducteur pour la chaleur : de cette façon, les échanges de chaleur entre le corps C et les corps extérieurs ont lieu exclusivement par le fond du cylindre.

Fig. 26.

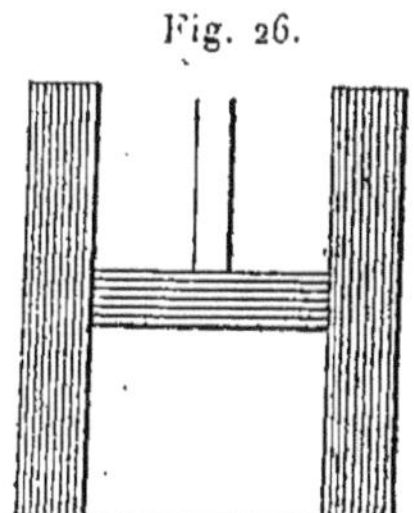

D'autre part, nous prendrons comme sources deux blocs (*fig.* 27) dont les températures sont maintenues constantes; soient t celle de la source chaude A et t' celle de la source froide A'.

Fig. 27.

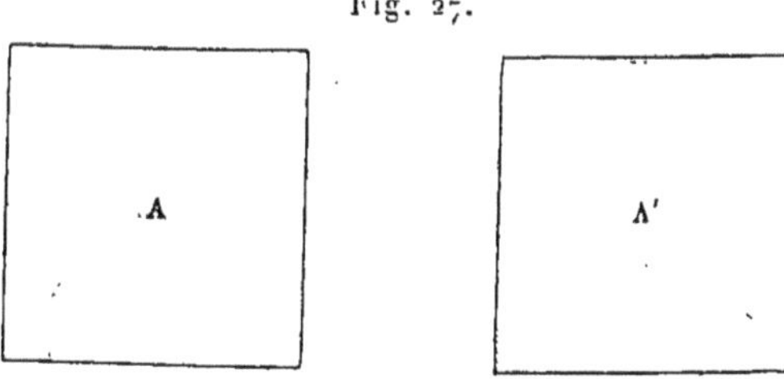

Fig. 28.

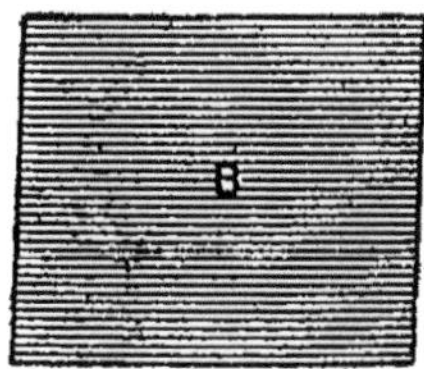

Enfin, nous nous servirons d'un support B (*fig.* 28) complètement imperméable à la chaleur.

Supposons qu'au début du jeu de la machine, le corps C soit à la température t' de la source froide, et que son volume et sa pression soient représentés sur le diagramme par les coordonnées d'un certain point M (*fig.* 29).

Fig. 29.

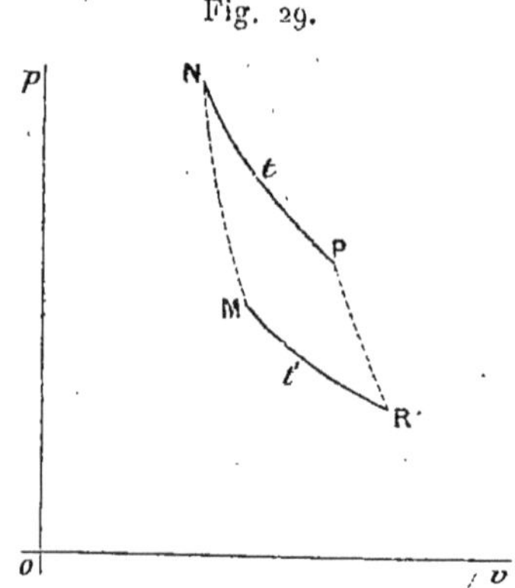

Première opération. — Plaçons le cylindre sur le support isolant B : alors aucun échange de chaleur ne peut avoir lieu entre le corps C et le milieu ambiant.

Abaissons ensuite extrêmement lentement le piston : le volume de C diminue et le point représentatif décrit une portion d'adiabatique partant de M; la température s'élève et l'on continue l'opération jusqu'à ce qu'elle soit devenue t, celle de la source chaude A. Le point représentatif est ainsi parvenu à une certaine position N.

Deuxième opération. — Transportons le cylindre sur la source chaude A, et laissons le piston s'élever extrêmement lentement : comme le fond du cylindre est absolument perméable à la chaleur, la source impose sa température au corps C; la transformation a lieu à la température constante t et le point représentatif décrit une portion d'isotherme partant de N. On arrête l'opération en un point arbitraire P.

Troisième opération. — Le cylindre est de nouveau

placé sur le support isolant B, puis on laisse le piston s'élever graduellement; C se détend adiabatiquement, la température baisse et l'on continue l'opération jusqu'à ce qu'on ait atteint la température de la source froide.

Le point représentatif décrit une portion d'adiabatique et s'arrête en un certain point R.

Quatrième opération. — Le cylindre est alors placé sur la source froide A'; on abaisse extrêmement lentement le piston et le point représentatif décrit l'isotherme correspondant à la température t'. Cette isotherme passe par le point M, et l'on arrête l'opération lorsque le point représentatif est revenu en M. Le cycle est fermé; autrement dit, le corps est revenu à l'état primitif.

Le cycle décrit se compose de deux portions d'isothermes et de deux portions d'adiabatiques : un tel cycle s'appelle un *cycle de Carnot.* C'est le plus simple de tous les cycles, parce que les échanges de chaleur ont lieu exclusivement aux températures des deux sources : une certaine quantité de chaleur q a été absorbée à la température t et une quantité de chaleur q' a été rendue à la température t'. L'opération satisfait bien dans toutes ses phases aux conditions de la réversibilité, car, d'une part, jamais le corps n'a été en contact qu'avec d'autres dont la température ne pouvait différer de la sienne qu'infiniment peu, et, d'autre part, tous les changements de volume ayant eu lieu extrêmement lentement, la force extérieure exercée sur le piston était constamment en équilibre, à un infiniment petit près, avec la force pressante exercée sur lui par le corps C.

Deux sources de chaleur à des températures déterminées étant données, le cycle de Carnot est le seul cycle réversible qu'on puisse faire décrire à un corps à l'aide de ces deux sources : en effet, la réversibilité exige que le corps soit, pendant chacune des transformations qu'il subit, ou bien à la température de l'une ou de l'autre des sources, ou bien sans communication thermique avec aucun corps.

Remarque. — Dans ce qui précède, on a supposé que le corps C appartenait à la classe (de beaucoup la plus nombreuse) des corps qui se dilatent par l'échauffement et s'échauffent par la compression. Si, au contraire, le corps C diminuait de volume par l'échauffement et se refroidissait par la compression, il faudrait apporter à ce qui précède des changements qui sont tout indiqués et que nous laissons au lecteur le soin de faire.

Échelle thermodynamique des températures ; définition physique des températures absolues.

Les thermomètres permettent uniquement de repérer les températures : selon le phénomène thermométrique adopté, selon le corps thermométrique employé, une température physique est représentée par des nombres différents qui ne sont même pas proportionnels, bien que les échelles soient définies à l'aide des mêmes points fixes.

S. Carnot a émis l'idée que le second principe de la Thermodynamique peut conduire à une définition d'un intervalle de température indépendante de tout corps déterminé. Lord Kelvin a montré qu'on peut, en effet, en s'appuyant sur le principe de Carnot, construire une échelle de températures ne dépendant pas du choix d'un corps déterminé, et que, pour cette raison, il a nommée *échelle des températures absolues*. On l'appelle aussi *échelle thermodynamique des températures* (1).

Ainsi que nous l'avons vu, le principe de Carnot peut être énoncé comme il suit : pour toutes les machines réversibles fonctionnant entre deux sources à des températures déterminées (repérées physiquement), le coefficient de perte, c'est-à-dire le rapport $\frac{q'}{q}$ de la quantité de chaleur reçue par le réfrigérant à la quantité de chaleur cédée par le foyer a la même valeur.

(1) *Trans. R. S. E.*, mai 1854.

Deux températures repérées physiquement étant données, prenons deux sources à ces températures respectives, puis, à l'aide de ces sources, faisons fonctionner une machine réversible quelconque : la valeur correspondante du rapport $\frac{q'}{q}$ caractérise l'intervalle de température considéré.

Si maintenant, conservant une même source chaude A, nous prenons successivement des sources froides A', A", A‴, ... à des températures de plus en plus basses, les intervalles de températures entre A' et A, A" et A, A‴ et A, ... seront caractérisés par les nombres $\frac{q'}{q}, \frac{q''}{q}, \frac{q'''}{q}, \ldots,$ rapports respectifs des quantités de chaleur rendues à A', A", A‴, ... à la quantité de chaleur prise à A, lorsqu'on fait fonctionner des machines réversibles quelconques entre A et ces différentes sources.

On peut d'ailleurs toujours faire en sorte que q ait la même valeur dans toutes ces expériences. Alors, à la série des sources A, A', A", A‴, ... et à leurs températures, correspond une série de nombres q, q', q'', q''', ..., représentant les quantités de chaleur mises en jeu par une machine réversible fonctionnant entre la source A, et, successivement, d'autres sources A', A", A‴, ...

La série des nombres q, q', q'', q''', ... forme ce qu'on appelle l'*échelle des températures absolues* correspondant aux températures physiquement repérées des sources A, A', A", ...

Une question se pose : si, au lieu de machines fonctionnant toutes avec A comme source chaude, l'autre source étant seule différente dans les différentes machines, on a une machine fonctionnant entre deux sources quelconques, par exemple A' et A‴, son coefficient de perte pourra-t-il s'exprimer au moyen des nombres correspondants de la série q, q', q'', ..., c'est-à-dire, dans le cas de l'exemple choisi, par $\frac{q'''}{q'}$? La réponse est affirmative. En effet, soient deux machines réversibles fonctionnant, l'une entre A et A', l'autre entre A et A'''; faisons fonctionner la seconde comme moteur et la première à rebours, en nous arrangeant de façon que la seconde prenne à A une quantité de chaleur q égale à celle que la première lui cède. L'ensemble des deux machines fonctionnant ainsi forme lui-même une machine dans laquelle on peut englober A, qui n'est qu'un lieu de passage pour la chaleur. Cette machine complexe est évidemment réversible, puisqu'elle est formée de la réunion de deux machines réversibles; or, la quantité de chaleur qu'elle prend à A' est précisément q', et celle qu'elle rend à A''' est q''' : donc, son coefficient de perte est $\frac{q'''}{q'}$. Par conséquent, l'intervalle de deux températures physiques quelconques est caractérisé par le rapport des quantités de chaleur qui leur correspondent dans la série q, q', q'', ...

Voici la définition de la température absolue, telle qu'elle a été donnée par Lord Kelvin :

« *Les températures de deux corps sont proportionnelles aux quantités de chaleur respectivement prise et cédée, dans des régions à l'une et à l'autre de ces deux températures, par un système matériel soumis à un cycle complet d'opérations thermodynamiques parfaitement réversibles et ne pouvant ni prendre ni céder de chaleur à aucune autre température : ou bien, les valeurs absolues de deux températures sont l'une à l'autre dans le rapport de la chaleur prise à la chaleur rejetée, dans une machine thermodynamique parfaite fonctionnant avec une source chaude et un réfrigérant respectivement à la plus haute et à la plus basse de ces températures* » (¹).

Remarquons que les rapports des nombres q, q', q'', ... entre eux sont seuls déterminés : on peut donner à l'un d'eux une valeur arbitraire, et alors tous les autres sont déterminés. Il en est de ces nombres comme des poids moléculaires, qui ne déterminent que les rapports des

(¹) *Trans. R. S. E.*, mai 1854.

masses des différents corps qui se combinent entre elles. Choisir arbitrairement l'un des nombres q, q', q'', ... revient à se donner les dimensions de la machine avec laquelle on opère.

L'évaluation absolue d'un intervalle de température est analogue à l'évaluation numérique de l'intervalle de deux sons : si l'on a, par exemple, une série de cordes vibrantes et que, en regard de chacune d'elles, on ait inscrit sa fréquence [1], l'intervalle des sons rendus par deux d'entre elles est le quotient des fréquences correspondantes; il est indifférent pour le calcul des intervalles que les fréquences inscrites soient multipliées par un facteur quelconque, le même pour toutes.

EXEMPLES NUMÉRIQUES DES TEMPÉRATURES ABSOLUES.

Considérons les points fixes suivants :

La température de l'ébullition du cadmium;
La température de l'ébullition de l'acide sulfurique;
La température d'ébullition de l'eau;
La température de fusion de la glace.

Proposons-nous de déterminer les températures absolues correspondant à ces points fixes. Choisissant d'abord arbitrairement l'une d'elles, nous poserons, par exemple, la température d'ébullition du cadmium = 1000. Puis nous ferons fonctionner une machine réversible entre la température de l'ébullition du cadmium et celle de l'ébullition de l'acide sulfurique, et nous mesurerons combien, pour 1000 calories empruntées par cette machine à la source chaude, elle rend de calories à la source froide; on trouve 538 : la température absolue de l'ébullition de l'acide sulfurique est ainsi 538.

Au moyen d'expériences analogues, on trouve pour la température absolue de l'ébullition de l'eau 335, et pour

(1) Nombre de vibrations par unité de temps.

celle de la fusion de la glace 245. On a ainsi le tableau :

Température d'ébullition du cadmium		1000
»	» de l'acide sulfurique	538
»	» de l'eau	335
»	de fusion de la glace	245

NOTATION.

D'après la définition de Lord Kelvin, les quantités de chaleur q, q', q'', ... forment un système de températures absolues. Lorsqu'on emploie ces quantités de chaleur pour caractériser les intervalles de températures, après avoir donné à l'une d'elles une valeur arbitraire, on les désigne habituellement par les lettres T, T', T'', ...

On peut se représenter d'une manière concrète T, T', T'', ... comme les quantités de chaleur mises en jeu à chaque coup de piston par une certaine machine de Carnot choisie arbitrairement, qu'on ferait fonctionner entre les différentes températures physiques.

Remarquons que le zéro absolu de température ne peut exister physiquement, car, s'il existait, on pourrait faire fonctionner une machine thermique dont la source froide serait à cette température : cette machine ne céderait pas de chaleur à la source froide, et, ainsi, elle fonctionnerait à l'aide de la seule source chaude, ce qui est contraire au postulatum de Carnot.

Toutefois, rien n'empêche qu'il existe des températures extrêmement voisines de ce zéro absolu, qui ne peut être atteint.

DÉTERMINATION DES TEMPÉRATURES ABSOLUES.

Les nombres du tableau ci-dessus, 1000, 538, 335, 245, ..., ont été donnés comme résultat de mesures calorimétriques du coefficient de perte, effectuées sur des machines réversibles fonctionnant entre les différents intervalles physiques de température. Ce mode de détermination est la mise en œuvre immédiate de la définition, mais il serait impraticable : il faudrait, en effet, pour le réaliser, faire des expériences analogues à celles de Hirn sur la machine à vapeur; or, il serait matériellement impossible, d'une part, d'effectuer des mesures calorimétriques quelque peu exactes à des températures élevées, et, d'autre part, d'opérer sur des machines exactement réversibles. De plus, cette méthode ne fournirait que des résultats numériques isolés, en nombre limité.

Pour tous ces motifs, il convient de suivre une autre marche. Une fois qu'on a choisi, pour une certaine température physique, repérée à l'aide d'un thermomètre, le nombre qui doit la représenter dans l'échelle absolue, la température absolue est déterminée pour toute autre température repérée à l'aide du même thermomètre : autrement dit, *la température absolue est une fonction de la température vulgaire, par exemple de la température centigrade.* Avant de rechercher la nature de cette fonction, il faut que nous nous occupions d'exprimer mathématiquement le principe de Carnot.

Expression mathématique du principe de Carnot.

Appliquons d'abord ce principe au cas le plus simple, celui d'*un corps parcourant un cycle de Carnot.*

Soient T la température absolue de la source chaude et T′ celle de la source froide.

Considérons une machine fonctionnant entre ces deux sources suivant un cycle de Carnot et soient q et q' les valeurs numériques respectives des quantités de chaleur qu'elle prend à la première et cède à la seconde; son coefficient de perte est, d'après le principe de Carnot, égal à T′ et l'on a

$$\frac{q'}{q} = \frac{T'}{T},$$

ce qu'on peut écrire

$$\frac{q}{T} = \frac{q'}{T'}.$$

Nous allons mettre cette équation sous une forme plus avantageuse, en employant les quantités négatives : si l'on convient d'affecter du signe + les quantités de chaleur qui entrent dans le corps qui est en jeu dans la machine, et du signe — celles qui en sortent, la quantité que nous avions appelée q' s'écrit $-q'$, et l'équation arithmétique ci-dessus est remplacée par l'équation algébrique

$$\frac{q}{T} = \frac{(-q')}{T'}$$

ou

$$\frac{q}{T} + \frac{q'}{T'} = 0,$$

ce qui s'énonce ainsi : *La somme algébrique des quotients de chaque quantité de chaleur absorbée par le corps, par la température absolue de la source qui la fournit, est nulle.*

Avant de traiter le cas général, nous établirons le lemme suivant :

Soit un cycle de transformations réversibles quelconques ABCDA (*fig.* 30), parcouru dans un sens quelconque, par

Fig. 30.

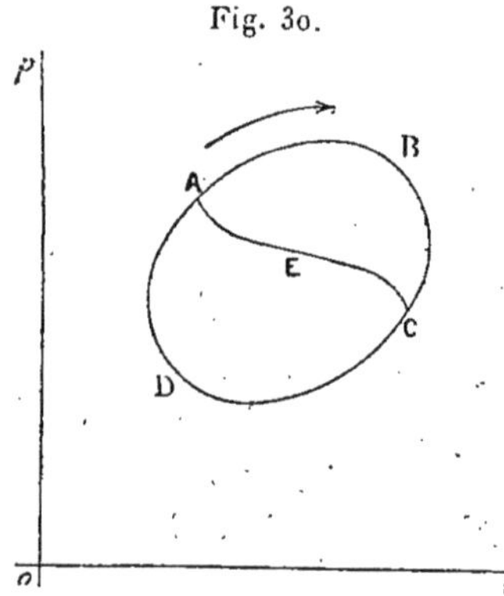

exemple celui de la flèche. Si nous joignons deux points A et C du cycle par une ligne quelconque AEC, nous formons deux cycles. Imaginons que le corps parcoure d'abord le cycle ABCEA, puis le cycle AECDA. Le travail extérieur et la chaleur absorbée sont les mêmes que si l'on eût fait parcourir au corps le cycle primitif. En effet, le travail est le même, puisque la somme des aires des cycles partiels est l'aire du cycle primitif et que les sens sont les mêmes; en second lieu, la chaleur absorbée est la même dans les deux cas pour toute portion de contour existant à la fois dans le cycle primitif et dans les cycles partiels, et, quant aux quantités de chaleur absorbées lors des parcours AEC et CEA, leur somme algébrique est identiquement nulle.

Chacun des cycles partiels peut lui-même être décomposé en deux autres, et ainsi l'on voit que, au point de vue du travail accompli et de la chaleur absorbée, on peut remplacer le parcours d'un cycle par le parcours, dans le même sens, de cycles partiels découpés dans le cycle proposé d'une manière entièrement arbitraire.

ÉQUATION DE CLAUSIUS.

Un cycle quelconque étant donné (*fig.* 31), menons au travers de ce cycle une série de lignes adiabatiques infi-

Fig. 31.

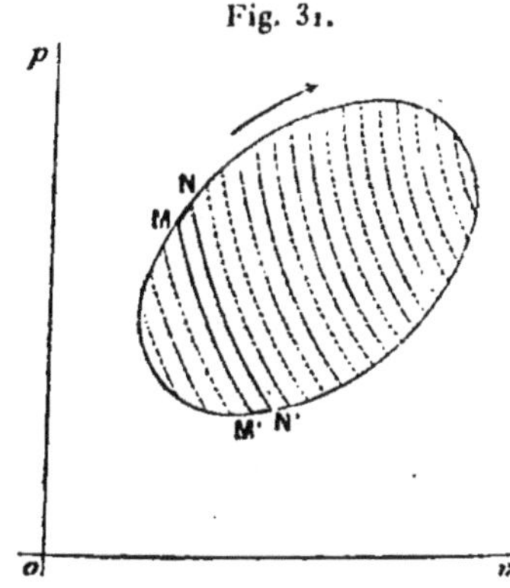

niment voisines, telles que MM', NN'. D'après le lemme ci-dessus, le cycle proposé équivaut, au point de vue de la Thermodynamique, à l'ensemble des cycles ainsi formés.

Considérons l'un de ces cycles élémentaires, par exemple MNN′M′ (*fig.* 31), et soient dq et dq' les quantités de chaleur cédées au corps suivant MN et N′M′, estimées algébriquement; menons les isothermes qui passent par les points M et N′ : nous obtenons ainsi un cycle de Carnot MKN′K′ (*fig.* 32). Soient dq_1 et dq'_1 les quantités de

Fig. 32.

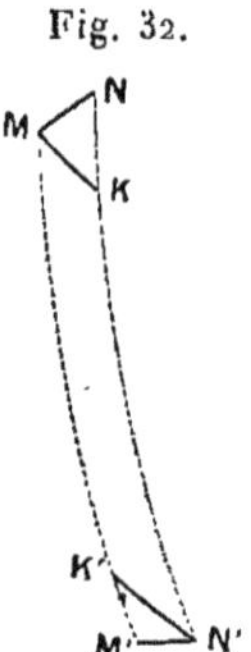

chaleur qui seraient cédées au corps s'il parcourait MK et N′K′; nous avons, en désignant par T et T′ les températures absolues de ces deux isothermes,

$$\frac{dq_1}{T} + \frac{dq'_1}{T'} = 0.$$

Je dis maintenant que $dq = dq_1$ au point de vue infinitésimal; en effet, faisons parcourir au corps le cycle infinitésimal MNK : l'aire du cycle étant un infiniment petit du second ordre, il résulte du principe de l'équivalence que la somme des quantités de chaleur absorbées le long de ce cycle est du second ordre; comme NK est une portion d'adiabatique, on a, en négligeant les infiniment petits du second ordre,

$$dq + 0 - dq_1 = 0 \qquad \text{ou} \qquad dq_1 = dq;$$

de même

$$dq'_1 = dq'.$$

On peut donc écrire

$$\frac{dq}{T} + \frac{dq'}{T'} = 0.$$

En écrivant les égalités analogues pour chacun des cycles infinitésimaux, tels que MNN′ M′, découpés dans le cycle donné et faisant la somme, on a

$$\int \frac{dq}{T} = 0,$$

le signe $\int$ s'étendant à tout le contour du cycle.

Cette proposition est due à Clausius; son énoncé en langage ordinaire est le même que celui que nous avons trouvé plus haut dans le cas particulier d'un cycle de Carnot : *Quand un corps décrit un cycle fermé réversible, la somme algébrique des quotients de chaque quantité de chaleur absorbée par le corps par la température absolue de la source qui la fournit est nulle.* L'équation $\int dq = 0$ pour un cycle fermé exprime bien le principe de Carnot, car, d'une part, on l'en a déduite, et, d'autre part, elle renferme comme cas particulier l'équation $\frac{q'}{q} = \frac{T'}{T}$, qui est un énoncé du principe de Carnot. Remarquons qu'elle s'applique à l'un quelconque des systèmes de variables p et v, p et t, v et t, puisque, à tout cycle fermé dans l'un de ces systèmes correspond un cycle fermé dans chacun des deux autres.

De même qu'antérieurement, nous désignerons les variables employées par les lettres x et y, afin de ne pas spécifier le choix qui aura été fait. Alors dq est de la forme $A\,dx + B\,dy$, A et B étant des fonctions de x et de y; T est une fonction de t, et, par suite, de x et de y, puisque x et y, définissant l'état du corps, déterminent sa température t. Par conséquent $\frac{dq}{T}$ est de la forme

$$\frac{A\,dx + B\,dy}{\text{fonction de } x \text{ et de } y} = R\,dx + S\,dy,$$

R et S étant des fonctions de x et de y. On peut donc exprimer le principe de Carnot en écrivant que l'intégrale curviligne $\int R\,dx + S\,dy$, prise le long d'un cycle fermé, est nulle.

D'après la théorie des intégrales curvilignes, cette proposition est équivalente aux suivantes :

1° L'intégrale $\int R\,dx + S\,dy$, prise le long d'un chemin non fermé, ne dépend que des extrémités de ce chemin;

2° L'expression $R\,dx + S\,dy$ est une différentielle exacte;

3° $\dfrac{\partial R}{\partial y} = \dfrac{\partial S}{\partial x}$.

De là résulte la règle suivante pour exprimer analytiquement le principe de Carnot :

On forme, dans le système de variables adopté (que nous désignerons encore par x et y), l'expression de $\dfrac{dq}{T}$, laquelle, comme on l'a vu, est de la forme $R\,dx + S\,dy$, puis on écrit l'équation

$$\frac{\partial R}{\partial y} = \frac{\partial S}{\partial x}.$$

L'application de ce procédé général pour exprimer le principe de Carnot va tout d'abord nous conduire à la détermination de la température absolue.

DÉTERMINATION DE LA TEMPÉRATURE ABSOLUE (1).

Considérons un corps quelconque, dont nous représenterons l'état à l'aide des variables v et t, et exprimons le principe de Carnot.

On a

$$dq = c\,dt + l\,dv,$$

d'où

$$\frac{dq}{T} = \frac{c}{T}\,dt + \frac{l}{T}\,dv;$$

(1) G. Lippmann, *Journal de Physique*, 2e série, t. III, p. 227.

l'application de la règle ci-dessus donne

$$\frac{1}{T}\frac{\partial c}{\partial v} = \frac{\frac{\partial l}{\partial t}T - l\frac{dT}{dt}}{T^2},$$

ce qu'on peut écrire

$$\frac{1}{T}\frac{dT}{dt} = \frac{1}{l}\left(\frac{\partial l}{\partial t} - \frac{\partial c}{\partial v}\right).$$

Or, le premier membre est une fonction de t seulement, puisque, d'après le principe de Carnot, T est une fonction de t; il en est donc de même du second. En intégrant, on a

$$\mathcal{L}\,T = \int_{t_0}^{t} \frac{1}{l}\left(\frac{\partial l}{\partial t} - \frac{\partial c}{\partial v}\right) dt + \text{const.},$$

t_0 étant une valeur quelconque donnée à t. Si nous appelons T_0 la température absolue correspondant à une certaine température vulgaire t_0, on a, en faisant $t = t_0$ dans l'expression précédente,

$$\mathcal{L}\,T_0 = \text{const.}$$

et

$$\mathcal{L}\,\frac{T}{T_0} = \int_{t_0}^{t} \frac{1}{l}\left(\frac{\partial l}{\partial t} - \frac{\partial c}{\partial v}\right) dt,$$

d'où

$$\frac{T}{T_0} = e^{\int_{t_0}^{t} \frac{1}{l}\left(\frac{\partial l}{\partial t} - \frac{\partial c}{\partial v}\right) dt}.$$

Par conséquent, si t et t_0 sont deux indications d'un thermomètre quelconque, la valeur de $\frac{T}{T_0}$, tirée de l'équation précédente, détermine l'intervalle de température entre t et t_0. Nous obtiendrons ainsi les rapports des différentes températures absolues à l'une d'elles : comme ces rapports sont seuls déterminés, le problème de la détermination des températures absolues est complètement résolu.

L'expression de la température absolue peut être simplifiée si l'on tient compte du principe de l'équivalence. En vertu de ce principe, $E\,dq - p\,dv$ est une différentielle exacte. Avec les variables t et v, on a

$$E\,dq - p\,dv = E(c\,dt + l\,dv) - p\,dv = Ec\,dt + (El - p)\,dv;$$

la condition, pour que cette expression soit une différentielle exacte, est

$$E\frac{\partial c}{\partial v} = E\frac{\partial l}{\partial t} - \frac{\partial p}{\partial t},$$

d'où l'on tire

$$\frac{\partial l}{\partial t} - \frac{\partial c}{\partial v} = \frac{1}{E}\frac{\partial p}{\partial t}.$$

En substituant dans la valeur trouvée ci-dessus pour $\frac{T}{T_0}$, celle-ci devient

$$\frac{T}{T_0} = e^{\frac{1}{E}\int_{t_0}^{t}\frac{1}{l}\frac{\partial p}{\partial t}dt}.$$

Cette expression est générale : elle s'applique à un corps quelconque et à toute échelle de températures, à condition que les coefficients physiques soient mesurés en se servant de cette échelle.

EXPRESSION PRATIQUE APPROCHÉE DE LA TEMPÉRATURE ABSOLUE.

Si l'on désigne par t l'indication du thermomètre à hydrogène à volume constant, le volume, la pression et la température d'une masse gazeuse satisfont à l'équation

$$pv = p_0 v_0(1 + \alpha t),$$

sinon exactement, du moins avec une grande approximation. D'autre part, en vertu de la loi de Joule, on a, pour un gaz, $l = \frac{1}{E}p$, également avec une grande approximation. Grâce à ces deux relations, nous allons obtenir une expression approchée, très simple, de la température absolue.

La première donne

$$\frac{\partial p}{\partial t} = \frac{p_0 v_0 \alpha}{v};$$

si l'on substitue ces valeurs de l et de $\frac{dp}{dt}$ dans l'expression de $\frac{T}{T_0}$ trouvée ci-dessus, on a, en prenant les logarithmes,

$$\mathcal{L}\frac{T}{T_0} = \frac{1}{E}\int_{t_0}^{t} \frac{p_0 v_0 \alpha\, dt}{v\frac{1}{E}p}$$

$$= \int_{t_0}^{t} \frac{\alpha\, dt}{1+\alpha t} = \int_{t_0}^{t} \frac{dt}{\frac{1}{\alpha}+t} = \mathcal{L}\left(\frac{1}{\alpha}+t\right) - \mathcal{L}\left(\frac{1}{\alpha}+t_0\right),$$

d'où

$$\frac{T}{T_0} = \frac{\frac{1}{\alpha}+t}{\frac{1}{\alpha}+t_0}.$$

Comme on peut choisir arbitrairement l'une des températures absolues, nous poserons

$$T_0 = \frac{1}{\alpha} + t_0,$$

ce qui donne

$$T = \frac{1}{\alpha} + t = 273 + t.$$

Cette expression est constamment employée dans la pratique; toutefois, il ne faut pas oublier qu'elle est seulement approchée et qu'elle perdrait toute signification pour des températures très basses, puisque, dans ce cas, ni la loi de Mariotte, ni la loi de Gay-Lussac, ni la loi de Joule, ne sont applicables. En particulier, la valeur -273, que la formule donnerait comme un zéro absolu de température, est dénuée de toute signification physique.

Sur la thermométrie.

Dans la thermométrie de précision, on a l'habitude de rapporter les températures à l'échelle du thermomètre à hydrogène à volume constant, la pression initiale correspondant à 1 mètre de mercure; toutefois, pour des températures supérieures à 300°, les matières dont on s'est servi jusqu'ici pour former les réservoirs des thermomètres, ou bien deviennent perméables à l'hydrogène, ou bien réagissent sur lui, de sorte que, à partir de cette température, il devient impossible de faire des mesures exactes avec le thermomètre à hydrogène. On ne connaît aucun gaz fonctionnant comme corps thermométrique d'une manière satisfaisante dans toute l'étendue de l'échelle thermométrique et l'on a été contraint de mettre en usage plusieurs échelles thermométriques fondées sur l'emploi de différents gaz à différentes pressions initiales et fonctionnant tantôt à volume constant, tantôt à pression constante. Dans les mesures précises, les écarts entre ces échelles sont très sensibles.

En conséquence, il est préférable de rapporter toutes les mesures à l'échelle thermodynamique des températures de Lord Kelvin. Celle-ci, comme nous l'avons vu, définit seulement les rapports des températures absolues entre elles. Si l'on impose la condition que *la température de fusion de la glace et la température de la condensation de la vapeur d'eau à la pression normale diffèrent de* 100 degrés, l'échelle est complètement déterminée [1]; alors, la température de la fusion de la glace est *approximativement* 273 degrés absolus, et celle de la condensation de la vapeur d'eau est *approximativement* 373 degrés absolus. Quant aux valeurs *exactes* des températures absolues correspondant à toutes les températures vulgaires, elles peuvent être calculées à l'aide des formules ci-dessus

[1] Kamerlingh Onnes a proposé de désigner le degré de cette échelle par la dénomination de *un kelvin*.

établies : d'après l'ensemble des données expérimentales actuelles, la température absolue de la glace fondante est, avec une très grande approximation, 273,13 et, par suite, celle de la condensation de la vapeur d'eau est 373,13. Pour chaque température vulgaire t, la valeur approchée de la température absolue, $273 + t$, doit subir une correction, pour laquelle des Tables ont été dressées.

Les températures les plus basses atteintes jusqu'ici sont voisines de 3° de l'échelle absolue; elles ont été obtenues par Kamerlingh Onnes dans ses mémorables expériences sur la liquéfaction de l'hélium, le 10 juillet 1908.

Désignons par T_0 la valeur *exacte* de la température thermodynamique de la glace fondante; on donne à l'excès $T - T_0$ le nom de *température thermodynamique centigrade*, ce qui revient à dire que la température thermodynamique centigrade est le nombre de degrés centigrades thermodynamiques comptés à partir de la glace fondante jusqu'à la température considérée. Cette échelle thermodynamique centigrade concorde avec les échelles en usage avec la même approximation qu'elles concordent entre elles, ce qui permettra de l'adopter à bref délai pour les mesures pratiques et d'uniformiser ainsi définitivement l'évaluation des températures (1).

(1) *Voir* à ce sujet un très intéressant Mémoire de E. Buckingham dans le *Bulletin of the Bureau of Standards*, vol. 3, n° 2, 1907, et le tableau de l'échelle thermodynamique des températures de G. K. Burgess, du Bureau américain des Poids et Mesures, reproduit dans la *Revue générale des Sciences* du 15 février 1913, n° 3, p. 86.

CHAPITRE IV.

APPLICATION DES PRINCIPES DE LA THERMODYNAMIQUE.

Équations de Clapeyron.

L'application des deux principes nous donnera des relations entre les coefficients thermiques d'une même substance.

Servons-nous d'abord des variables v et t.

Pour exprimer le principe de l'équivalence, formons la quantité $E\,dq - p\,dv$; c'est, dans le cas présent,

$$E(c\,dt + l\,dv) - p\,dv = Ec\,dt + (El - p)\,dv;$$

puis écrivons que cette expression est une différentielle exacte; la condition est

$$E\frac{\partial c}{\partial v} = E\frac{\partial l}{\partial t} - \frac{\partial p}{\partial t}. \tag{1}$$

Pour exprimer le principe de Carnot, écrivons que

$$\frac{dq}{T} = \frac{c}{T}dt + \frac{l}{T}dv$$

est une différentielle exacte; la condition est

$$\frac{1}{T}\frac{\partial c}{\partial v} = \frac{\frac{\partial l}{\partial t}T - l\frac{dT}{dt}}{T^2}$$

ou

$$\frac{\partial c}{\partial v} = \frac{\partial l}{\partial t} - \frac{l}{T}\frac{dT}{dt}. \tag{2}$$

Multiplions l'équation (2) par E et retranchons-la de l'équation (1), membre à membre; il vient

$$0 = \frac{El}{T}\frac{dT}{dt} - \frac{\partial p}{\partial t}$$

ou

$$l = \frac{T}{E}\frac{\partial p}{\partial t}\frac{dt}{dT} = \frac{T}{E}\frac{\partial p}{\partial T};$$

si l'on prend pour T la valeur approchée 273 + t, on a

$$= \frac{T}{E}\frac{\partial p}{\partial t}.$$

Cette équation s'appelle la *première équation de Clapeyron;* toutefois, c'est Lord Kelvin qui lui a donné sa forme définitive (1). Elle donne l'expression de la chaleur de dilatation l, coefficient *calorimétrique*, en fonction du coefficient $\frac{\partial p}{\partial t}$, qui a un caractère *purement thermométrique*.

Servons-nous maintenant des variables p et t.

Pour exprimer le principe de l'équivalence, formons la quantité $E\,dq - p\,dv$; c'est, cette fois,

$$E(C\,dt + h\,dp) - p\,dv.$$

Comme cette expression contient dt, dp et dv et que nous ne voulons conserver que dt et dp, nous remplacerons dv par

$$\frac{\partial v}{\partial t}dt + \frac{\partial v}{\partial p}dp,$$

ce qui donne

$$\begin{aligned} &EC\,dt + Eh\,dp - p\frac{\partial v}{\partial p}dp - p\frac{\partial v}{\partial t}dt \\ &= \left(EC - p\frac{\partial v}{\partial p}\right)dt + \left(Eh - p\frac{\partial v}{\partial p}\right)dp; \end{aligned}$$

la condition pour que cette expression soit une différen-

(1) Clapeyron avait donné cette formule à un facteur constant près, qu'il n'avait pas déterminé.

tielle exacte est

$$E\frac{\partial C}{\partial p} - \frac{\partial v}{\partial t} - p\frac{\partial^2 v}{\partial p\,\partial t} = E\frac{\partial h}{\partial t} - p\frac{\partial^2 v}{\partial t\,\partial p}$$

ou

$$(1) \qquad E\frac{\partial C}{\partial p} - \frac{\partial v}{\partial t} = E\frac{\partial h}{\partial t}.$$

Exprimons le principe de Carnot : on a

$$\frac{dq}{T} = \frac{C}{T}dt + \frac{h}{T}dp;$$

la condition pour que cette expression soit une différentielle exacte est

$$\frac{\frac{\partial C}{\partial p}}{T} = \frac{\frac{\partial h}{\partial t}T - h\frac{dT}{dt}}{T^2}$$

ou

$$(2) \qquad \frac{\partial C}{\partial p} = \frac{\partial h}{\partial t} - h\frac{\frac{dT}{dt}}{T}.$$

Multiplions (2) par E et retranchons de (1), membre à membre; il vient

$$-\frac{\partial v}{\partial t} = h\frac{\frac{dT}{dt}}{T}E;$$

si l'on prend pour T la valeur approchée $273 + t$, on a

$$h = -\frac{T}{E}\frac{\partial v}{\partial t}.$$

Cette équation s'appelle la *seconde équation de Clapeyron*; c'est Lord Kelvin qui lui a donné sa forme définitive [1].

---

[1] Même remarque que pour la première formule de Clapeyron.

Application à la vaporisation.

Rappelons d'abord les propriétés des vapeurs. Une masse de vapeur sèche étant donnée, si l'on réduit progressivement son volume en la soumettant à des pressions croissantes, en même temps qu'on maintient la température constante, on rencontre une pression qu'on ne peut dépasser : si, à partir de cette pression, on réduit encore davantage le volume de la vapeur, il y a condensation et la pression demeure constante. La vapeur est alors dite *saturée;* la tension qu'on ne peut dépasser est dite la *tension maxima* de la vapeur pour cette température. Ainsi, lorsque le corps considéré en Thermodynamique est en partie à l'état liquide et en partie à l'état de vapeur, sa pression est toujours la tension maxima correspondant à la température considérée; cette pression est une fonction de la température seule, elle est indépendante du volume et l'équation d'état ne contient que les deux variables p et t.

Pendant la liquéfaction, la vapeur cède la *chaleur de vaporisation.* Nous désignerons par la lettre L la quantité de chaleur abandonnée par 1g de vapeur saturée, qui se condense à température constante et, par conséquent, sous pression constante. Pour chaque corps, cette quantité L est une fonction de la température à laquelle on opère la liquéfaction; elle représente aussi la chaleur absorbée lors de la vaporisation.

Nous allons appliquer à un mélange de liquide et de vapeur la première équation de Clapeyron :

$$l = \frac{T}{E}\frac{dp}{dt};$$

l est la chaleur de dilatation du corps, qui est ici en partie à l'état liquide et à l'état de vapeur : c'est la quantité de chaleur nécessaire pour augmenter d'une unité le volume du corps, la température restant constante; nous allons l'exprimer à l'aide des données fournies par l'expérience.

Soit u le volume de l'unité de masse du corps à l'état liquide, autrement dit son volume spécifique à l'état liquide; soit u' le volume spécifique du corps à l'état gazeux. Lorsqu'on vaporise l'unité de masse du corps, son volume s'accroît de $u' - u$ et il faut dépenser pour cela L calories; d'autre part, pour accroître le volume d'une unité, il faut dépenser l calories; on a donc

$$\frac{u' - u}{1} = \frac{L}{l},$$

d'où

$$l = \frac{L}{u' - u}.$$

En substituant dans la première équation de Clapeyron, on a

$$\frac{L}{u' - u} = \frac{T}{E} \frac{dp}{dt}$$

ou

$$L = \frac{u' - u}{E} T \frac{dp}{dt};$$

cette formule est appelée la *troisième équation de Clapeyron;* elle a été mise sous sa forme définitive simultanément par Clausius et par Rankine [1].

Cette équation se prête à un contrôle expérimental. On a, en effet,

$$T = 273 + t;$$

de plus, L et p ont été mesurés par Regnault pour un grand nombre de corps et à différentes températures : l'équation de Clapeyron donne alors $u' - u$; comme le volume spécifique u du liquide est connu, on en déduit u', volume spécifique de la vapeur saturée.

Voici quelques résultats pour la vapeur d'eau, calculés par Clausius; on a inscrit en regard les volumes spéci-

---

[1] Même remarque que pour les deux premières formules de Clapeyron.

fiques de la vapeur d'eau, mesurés directement par Fairbain et Tate :

Températures.	u' calculé.	u' observé.
58°,21	8,23	8,27
92,66	2,11	2,15
117,17	0,947	0,941
144,74	0,437	0,437

Eu égard aux difficultés expérimentales inhérentes à la méthode de Fairbairn et Tate, la concordance peut être considérée comme satisfaisante.

A. Perot a fait une vérification analogue.

M. Mathias, en opérant sur l'éthylène, le protoxyde d'azote, l'acide carbonique, l'acide sulfureux, a constaté l'accord complet de la formule de Clapeyron avec les données expérimentales.

Remarque. — Au point critique, c'est-à-dire à la température à laquelle un corps peut passer par une transition insensible de l'état liquide à l'état de vapeur et inversement, $u' = u$. Il en résulte, d'après l'équation de Clapeyron, que la chaleur de vaporisation est nulle, ce qui explique comment une très faible variation dans l'échauffement du corps peut amener un changement d'état de toute sa masse.

Application aux phénomènes de la fusion et de la solidification.

La troisième équation de Clapeyron va encore nous permettre d'établir des relations entre les coefficients thermiques d'une substance lors de son passage de l'état solide à l'état liquide, ou inversement.

En 1849, J. Thomson montra qu'il résulte des principes de la Thermodynamique que le point de fusion de la glace doit s'abaisser lorsque la pression augmente.

Comme on l'a vu (p. 28), lorsqu'un corps est en partie à l'état solide et à l'état liquide, la pression est indépendante du volume; autrement dit, l'équation d'état ne contient que la température et la pression.

Soient u le volume spécifique de la glace et u' le volume spécifique de l'eau. L'équation de Clapeyron s'applique encore ici, L désignant cette fois la chaleur de fusion. Cette équation s'écrit

$$\frac{dt}{dp} = \frac{T}{EL}(u' - u).$$

Or, pour la température de zéro, $u' - u$ est négatif, car la glace nage sur l'eau; le premier membre est donc aussi négatif, ce qui signifie que *le point de fusion de la glace s'abaisse quand la pression augmente.*

L'expérience nous fournit L, u et u'; l'équation ci-dessus nous permet alors de calculer $\frac{dt}{dp}$.

Voici un exemple numérique : supposons que l'accroissement de pression soit 1^{atm}; faisons le calcul dans le système C. G. S., en traitant, par approximation, les variations de la pression et de la température comme des infiniment petits :

$$dp = 76 \times 13,59 \times 981 \,\frac{\text{dyne}}{\text{cm}^2};$$

$$T = 273,13,$$

$$u = 1,001 \,\frac{\text{cm}^3}{\text{gr}}, \qquad u' = 1,0897 \,\frac{\text{cm}^3}{\text{gr}},$$

$$E = 4,189 \times 10^7, \qquad L = 79,25.$$

En faisant le calcul, on trouve

$$dt = -0,007\,32.$$

Lord Kelvin a vérifié en 1850 ce résultat par l'expérience : il a trouvé un abaissement 0,0075 par atmosphère, nombre voisin du précédent.

Mousson a constaté que l'eau peut rester à l'état liquide à la température de -18°, sous la pression de $13\,000^{\text{atm}}$. Helmholtz a montré que, si l'on plonge un marteau d'eau dans la glace fondante, l'eau se congèle dans l'intérieur en même temps qu'elle fond au dehors.

Contrairement à ce qui a lieu pour l'eau, le volume spécifique d'un grand nombre de corps est plus grand à l'état liquide qu'à l'état solide : alors, d'après la formule de Clapeyron, une augmentation de pression doit élever la température de fusion. A cette classe de corps appartiennent le soufre, le phosphore, le blanc de baleine, la paraffine, la cire, etc., et le plus grand nombre des roches qui forment l'écorce terrestre.

Bunsen a vérifié expérimentalement le fait pour la paraffine et le blanc de baleine; il a trouvé pour la paraffine :

Atmosphères.	Point de fusion.
	°
1	46,3
85	48,9
100	49

Hopkins a obtenu les résultats suivants :

Atmosphères.	Blanc de baleine.	Cire.	Stéarine.	Soufre.
	°	°	°	°
1	51	64,5	72,5	107
519	60	74,6	73,6	135,2
792	80,2	80,2	79,2	140,5

A l'occasion de l'influence de la pression sur les phénomènes de fusion et de solidification, Helmholtz fait la remarque suivante : « Ici, la pression mécanique, comme cela arrive dans la plupart des cas d'action réciproque de forces naturelles différentes, favorise la production du changement qui est favorable au développement de sa propre action. »

CONSÉQUENCES RELATIVES A LA GÉOLOGIE.

Tout porte à croire que l'intérieur de la Terre est à une température très élevée. D'autre part, si l'intérieur du globe était à l'état de fusion, les attractions de la Lune et du Soleil produiraient dans cette masse liquide le phénomène des marées et l'écorce terrestre, qui est relativement mince, céderait à cette marée intérieure. Or cela n'a pas lieu, Lord Kelvin a calculé qu'il faut, en conséquence, que la masse terrestre ait une rigidité supérieure à celle de l'acier. L'existence d'une telle rigidité malgré l'élévation de la température s'explique par l'influence de la pression sur la température de fusion des roches : on sait, en effet, que, lorsqu'on descend dans l'intérieur de la Terre, la pression augmente et l'on a calculé que, si l'on s'enfonçait de 100^{km}, l'accroissement serait de $30\,000^{atm}$. D'après les nombres d'Hopkins, la cire ne fondrait sous cette pression qu'à 600°, c'est-à-dire à la température du rouge.

Effet thermique de la compression des liquides.

Soumettons une masse liquide à un accroissement de pression dp, assez brusque pour que la transformation puisse être considérée comme adiabatique. La variation de température dt qui en résulte est donnée par l'équation

$$0 = C\,dt + h\,dp.$$

D'autre part, la seconde équation de Clapeyron donne

$$h = -\frac{T}{E}\frac{\partial v}{\partial t};$$

on a ainsi

$$0 = C\,dt - \frac{T}{E}\frac{\partial v}{\partial t}dp.$$

Maintenant, si l'on appelle δ le coefficient de dilatation du liquide à pression constante, on a

$$v = v_0(1 + \delta t),$$

d'où

$$\frac{\partial v}{\partial t} = v_0\delta,$$

et l'équation ci-dessus donne alors

$$C\,dt = \frac{T}{E} v_0 \delta\, dp.$$

Il en résulte qu'*une compression échauffe ou refroidit le liquide, suivant que celui-ci augmente ou diminue de volume par l'échauffement sous pression constante.*

Ces effets thermiques sont extrêmement petits : Regnault a trouvé qu'une compression de 10^{atm} exercée subitement sur l'eau ne produit pas un accroissement de température de $\frac{1}{50}$ de degré. Joule a fait une étude très soignée de ces phénomènes; les résultats de ses expériences s'accordent d'une manière satisfaisante avec l'équation précédente.

Application de la Thermodynamique à une barre cylindrique.

Soit une barre cylindrique (*fig.* 33), de longueur z, placée dans le vide et soumise à une compression longitudinale

Fig. 33.

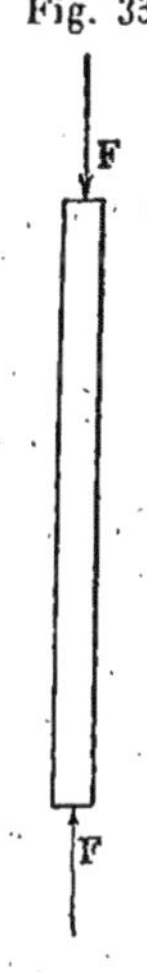

par l'application d'une force pressante F à chacune de ses deux extrémités.

Cette barre n'est pas dans les conditions que nous avons jusqu'ici supposées remplies par les corps auxquels nous avons appliqué les principes de la Thermodynamique, car la pression n'est pas la même sur toute la surface du corps. Il est donc nécessaire, pour définir l'état de la barre, de prendre d'autres variables que la pression, la température et le volume. Si la température t de la barre est donnée, ainsi que la force pressante sur chacune de ses extrémités, la longueur z de la barre est déterminée; autrement dit, il existe entre z, t et F une relation qui est l'analogue de l'équation d'état. On peut alors définir l'état de la barre à l'aide de t et F, et écrire

$$dq = C_1\, dt + h_1\, dF,$$

les coefficients C_1 et h_1 ayant des significations évidentes. Le travail extérieur élémentaire a pour expression F dz.

Il est clair qu'on aura l'équation suivante, analogue de la seconde équation de Clapeyron :

$$h_1 = -\frac{T}{E}\frac{\partial z}{\partial t}.$$

Or, si l'on appelle δ le coefficient de dilatation linéaire de la barre lorsqu'elle est comprimée par la force F, on a, si F demeure constant,

$$z = z_0(1 + \delta t),$$

d'où

$$\frac{\partial z}{\partial t} = z_0 \delta$$

et, par suite,

$$h_1 = -\frac{1}{E} T z_0 \delta.$$

Posons-nous la question suivante : la force F subissant une variation subite dF, trouver la variation de température qui en résulte. La transformation étant adiabatique, on a

$$0 = dq = C_1\, dt + h_1\, dF = C_1\, dt - \frac{T}{E} z_0 \delta\, dF,$$

d'où

$$dt = \frac{T\alpha_0\delta}{EC_1} dF.$$

Par conséquent, si δ est positif, c'est-à-dire si la matière de la barre se dilate par l'échauffement, une compression produit un échauffement et une traction un refroidissement. Si δ est négatif, c'est l'inverse.

Propriétés thermiques du caoutchouc vulcanisé. — Le physicien anglais Gough découvrit vers 1806 qu'une lame de caoutchouc vulcanisé, primitivement non ou peu tendue, se refroidit quand on l'étire, tandis que, si elle est préalablement fortement tendue, elle s'échauffe quand on l'étire davantage. Gough constata ces particularités en étirant simplement une lame de caoutchouc entre ses lèvres.

D'après l'équation ci-dessus, il doit résulter de là que, pour de faibles valeurs de F, δ doit être positif, tandis que, pour des valeurs de F suffisamment grandes, δ doit être négatif; le caoutchouc fortement tendu doit donc se contracter par l'échauffement. C'est bien ce que Gough a constaté.

En raison de complications dans les propriétés élastiques des corps solides, complications qui, dans le cas du caoutchouc, prennent une grande importance, la formule ci-dessus ne doit être considérée que comme indiquant le sens général du phénomène et n'est pas susceptible de vérifications numériques (Bouasse).

Chaleur spécifique d'une vapeur saturée sèche.

Soit un mélange d'un liquide et de sa vapeur, formant ensemble l'unité de masse; soit t sa température; soit x la masse de la vapeur, celle du liquide étant, par conséquent, $1 - x$; x s'appelle le *titre* en vapeur du mélange.

Pour définir l'état du corps, on pourrait employer les variables t et v; d'autre part, il est clair qu'il existe une relation entre t, v et x, et, par suite, v peut être considéré comme une fonction de t et de x; on peut donc définir l'état du corps à l'aide des variables t et x.

Considérons une transformation infiniment petite du mélange, dans laquelle t varie de dt et x de dx; soit dq la chaleur absorbée par le corps lors de cette transformation. Cette chaleur est employée :

1° A élever de dt la température de la masse $1-x$ de liquide;

2° A élever de dt la température de la masse x de vapeur en la maintenant saturée;

3° A vaporiser la masse dx du liquide à la température t.

On a ainsi

$$dq = (1-x)(\mathrm{C}\,dt + h\,dp) + x(\mathrm{C}'\,dt + h'\,dp) + \mathrm{L}\,dx,$$

C et h se rapportant au liquide, et C' et h' à la vapeur.

Comme p dépend de t seulement, on peut écrire

$$dp = \frac{dp}{dt}\,dt$$

et, par suite,

$$dq = (1-x)\left(\mathrm{C} + h\frac{dp}{dt}\right)dt + x\left(\mathrm{C}' + h'\frac{dp}{dt}\right)dt + \mathrm{L}\,dx.$$

Posons

$$\mathrm{C} + h\frac{dp}{dt} = m, \qquad \mathrm{C}' + h'\frac{dp}{dt} = m';$$

C, h, C', h', $\frac{dp}{dt}$ étant des fonctions de t seulement, m et m' sont aussi des fonctions de t; m' s'appelle *la chaleur spécifique de la vapeur saturée sèche.*

Avec cette notation, on a

$$dq = [(1-x)m + xm']\,dt + \mathrm{L}\,dx$$

ou

$$dq = [(m'-m)x + m]\,dt + \mathrm{L}\,dx.$$

La connaissance de m' a une importance capitale dans l'étude de la vaporisation et de la condensation, et, par suite, dans la théorie des machines à vapeur.

On peut obtenir la valeur de m' en appliquant, soit le principe de l'équivalence, soit le principe de Carnot. Le plus simple est d'appliquer le principe de Carnot; pour cela, nous écrirons que $\frac{dq}{T}$ est une différentielle exacte :

$$\frac{dq}{T} = \frac{(m' - m)x + m}{T} dt + \frac{L}{T} dx;$$

la condition est, par conséquent,

$$\frac{m' - m}{T} = \frac{\frac{dL}{dt} T - L}{T^2},$$

d'où

$$m' = m + \frac{dL}{dt} - \frac{L}{T}.$$

Cette équation est due à Clausius.

Pour les liquides, h étant extrêmement petit, comme nous l'avons vu, on peut le négliger et remplacer m par C, chaleur spécifique du liquide. On peut ainsi calculer numériquement m' lorsque l'on connaît la chaleur spécifique C du liquide et sa chaleur de vaporisation L pour les différentes températures.

Voici les résultats de ce calcul pour quelques corps :

Eau : m' est négatif.

Températures.	
0°	—1,916
50	—1,465
100	—1,133
150	—0,879
200	—0,676

Sulfure de carbone : m' est négatif.

0°	—0,184
80	—0,164
160	—0,157

Éther : m′ est positif.

Températures.	
0	
0	+0,116
40	+0,120
80	+0,128
120	+0,133

Acétone : m′ est négatif.

0	
0	−0,158
70	−0,065
140	−0,027

Benzine : m′ passe du négatif au positif.

0	
0	−0,15
70	−0,038
118	0
140	+0,048
210	+0,115

La valeur algébrique de m' augmente quand la température s'élève; c'est un fait général.

Pour certains corps, par exemple la benzine, le chloroforme, le chlorure de carbone, l'acétone, l'alcool, m' passe du négatif au positif quand la température s'élève. Il est probable que, pour tous les corps, m' passerait de même du négatif au positif, pourvu que la température fût suivant le cas, assez basse ou assez élevée.

QUANTITÉ DE CHALEUR QU'IL FAUT FOURNIR A L'UNITÉ DE MASSE DE VAPEUR SATURÉE POUR AUGMENTER SON VOLUME EN LA MAINTENANT SATURÉE.

Pour une élévation de température dt, cette quantité de chaleur dq est $m'\,dt$, qu'on peut écrire $m' \dfrac{dt}{du'} du'$.

Remarquons que $\frac{dt}{du'}$ est toujours négatif; car si, un récipient étant rempli de vapeur saturée à une certaine température, on élève la température, la vapeur se surchauffe et, pour la saturer de nouveau, il faut ajouter une certaine masse du corps : comme le volume est resté le même, le volume spécifique a diminué.

Lorsque m' est négatif, comme dans le cas de l'eau, dq et du' sont de même signe; donc, si l'on veut augmenter le volume d'une masse de vapeur saturée en la maintenant saturée, il faut lui fournir de la chaleur, et inversement.

Lorsque m' est positif, comme dans le cas de l'éther, dq et du' sont de signes contraires : c'est alors la diminution de volume qui exige de la chaleur pour le maintien de la saturation.

CHANGEMENTS D'ÉTAT LORS DE LA TRANSFORMATION ADIABATIQUE D'UNE VAPEUR SATURÉE.

Nous avons fait antérieurement la remarque suivante : lors d'une transformation adiabatique d'un corps en partie à l'état liquide et à l'état de vapeur, dv et dt sont toujours de signes contraires [1].

Maintenant, si la presque totalité de la masse du mélange est à l'état de vapeur, on a

$$dq = m'\,dt + \mathrm{L}\,dx;$$

pour une transformation adiabatique,

$$dq = 0 \qquad \text{et} \qquad dx = -\frac{m'}{\mathrm{L}}\,dt;$$

donc, suivant que m' est négatif ou positif, dx et dt sont de même signe ou de signes contraires. D'après la remarque

(1) Rappelons-en la raison; si l'on diminue le volume, un peu de vapeur se condense et de la chaleur est mise en liberté : si elle peut s'échapper, la température demeure la même; si elle en est empêchée, la température s'élève (Maxwell).

ci-dessus, on en conclut que, suivant que m' est positif ou négatif, dx et dv sont de même signe ou de signes contraires; autrement dit, la condensation est produite : si m' est positif, par la compression; si m' est négatif par la détente. Cette proposition est due à Clausius et Rankine.

Dans le cas de l'eau, m' est négatif; donc la vapeur d'eau saturée doit se condenser par la détente. Hirn a constaté expérimentalement ce fait prévu par la théorie : un tube de 2^m de longueur et de $0^m,15$ de diamètre était fermé à ses deux extrémités par des plaques de verre et muni de deux robinets latéraux voisins de ces extrémités. On faisait d'abord passer un courant de vapeur pour échauffer tout l'appareil, puis on fermait le robinet extérieur, et le cylindre se trouvait ainsi rempli de vapeur saturée sèche, parfaitement transparente. On ouvrait alors le robinet extérieur et, aussitôt, le tube se remplissait d'un nuage opaque.

Depuis longtemps, on avait constaté l'accumulation d'eau dans les cylindres des machines à vapeur et la nécessité d'éliminer cette eau au moyen de robinets dits *purgeurs*. Rankine avait reconnu qu'il n'y a pas là un phénomène accessoire dû au refroidissement extérieur, mais que la cause en est la condensation qui accompagne la détente.

Dans le cas de l'éther, m' est positif; donc la vapeur d'éther saturée doit se condenser par la compression. C'est ce qui a été vérifié également par Hirn : un ballon A (*fig.* 34), contenant de l'éther, communique par un tube

Fig. 34.

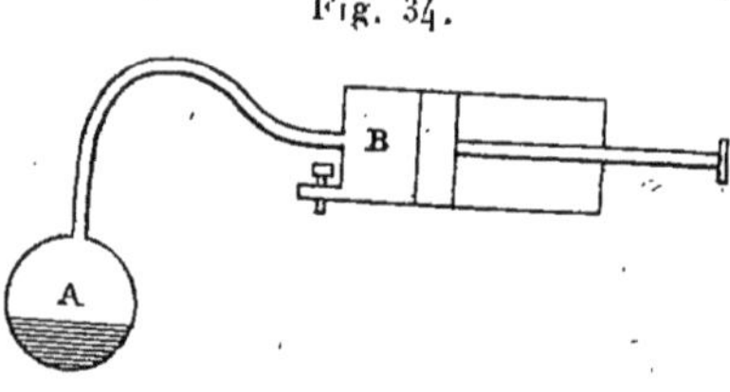

flexible avec un corps de pompe B muni d'un robinet. Le robinet étant ouvert, le ballon était d'abord plongé dans de l'eau à 50°, puis, une fois l'air de l'appareil expulsé, on fermait le robinet. L'appareil était alors immergé en entier dans de l'eau chaude, ce qui amenait le piston au bout de sa course, puis on retirait l'appareil de l'eau et l'on poussait vivement le piston : aussitôt un nuage apparaissait dans le ballon.

Entropie. — Diagramme entropique.

Soit un corps dont l'état est représenté à l'aide de deux variables x et y. Si le corps est amené par des transformations réversibles d'un état de repère, adopté une fois pour toutes, à un état représenté par x et y, l'intégrale $\int \frac{dq}{T}$ prise entre ces deux états est indépendante du chemin d'intégration et, par conséquent, est une fonction de x et y : on l'appelle l'*entropie* du corps dans l'état considéré; nous la désignerons par la lettre φ (¹).

Puisqu'il y a une relation entre x, y et φ, on peut prendre

Fig. 35.

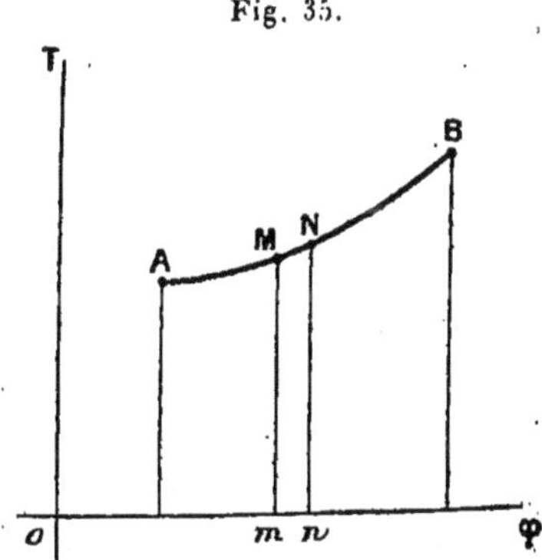

φ pour l'une des deux variables qui représentent l'état du corps. En portant en abscisses les valeurs de l'entropie φ,

(¹) Kamerlingh Onnes a proposé de désigner l'unité d'entropie par la dénomination de *un carnot*.

et en ordonnées celles de la température absolue T, on obtient un mode de représentation des transformations d'un corps qui est extrêmement avantageux : c'est le diagramme appelé *entropique*, imaginé par Th. Belpaire en 1872 et fréquemment utilisé depuis.

Si le point du diagramme décrit un élément d'arc MN, on a, par définition, $d\varphi = \frac{dq}{T}$, ou $dq = T \times d\varphi$; dq est donc égal à l'aire élémentaire m MN n. D'après cela, lorsque le corps passe d'un état A à un état B, la quantité de chaleur qu'il absorbe est numériquement égale à l'aire comprise entre le chemin décrit, l'axe des entropies et les deux ordonnées correspondant à A et B. Lorsque le point représentatif va de la gauche vers la droite, la chaleur absorbée est positive; dans le cas contraire, elle est négative; dans le premier cas, elle est égale à + l'aire et dans le

Fig. 36.

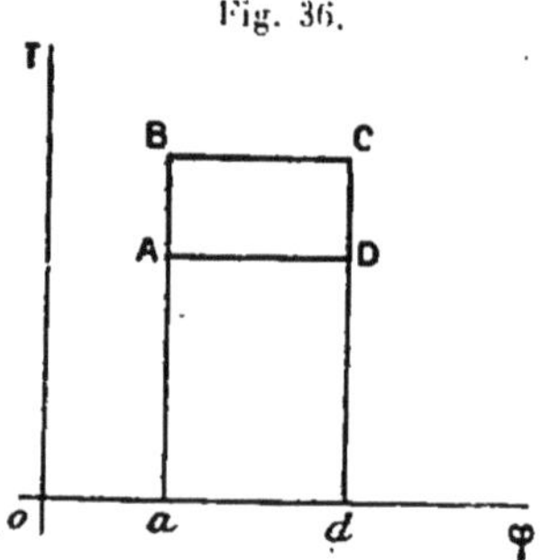

second cas à — l'aire. Si le point représentatif décrit un cycle fermé, la quantité de chaleur absorbée par le corps est égale à l'aire du cycle prise avec le signe + ou le signe —, suivant que le cycle est décrit dans le sens des aiguilles d'une horloge ou dans le sens inverse.

Sur le diagramme entropique, les lignes isothermes sont des droites parallèles à l'axe des entropies.

Le long d'une adiabatique, $d\varphi = 0$ et, par suite, $\frac{dq}{T} = 0$; ainsi, le long d'une adiabatique, l'entropie ne varie pas :

pour cette raison, on donne aussi aux adiabatiques le nom de lignes *isentropiques*. Sur le diagramme entropique, ces lignes sont des droites parallèles à l'axe des températures. Un cycle de Carnot est ainsi un rectangle ABC (*fig*. 36). La quantité de chaleur empruntée à la source chaude est égale à l'aire a BC d; celle qui est rendue à la source froide est l'aire a AD d; l'aire du cycle rectangulaire est la quantité de chaleur transformée en travail.

Généralités sommaires concernant les machines à vapeur et autres machines à feu.

Il est impossible de construire une machine à vapeur fonctionnant exactement suivant un cycle de Carnot. En effet, outre que le cycle décrit par l'eau dans une telle machine n'est pas rigoureusement fermé parce que, dans le condenseur, il reste de la vapeur non condensée, outre que l'eau injectée dans la chaudière est à une température très inférieure à celle de l'eau, qui y est contenue, ce qui exclut la reversibilité :

1° La phase d'admission de la vapeur n'est pas exactement isotherme, car le corps de pompe n'a pas la température de la chaudière : la vapeur échauffe le cylindre et se condense partiellement pendant l'admission. Toutefois, la chaleur absorbée par le métal est restituée à la vapeur pendant la phase de détente, et, ainsi, le corps de pompe joue le rôle d'un magasin de chaleur. Pour cela, il faut qu'il n'y ait pas de perte extérieure de chaleur. A cet effet, Watt entoure le cylindre d'une enveloppe dans laquelle circule de la vapeur; c'est ce qu'on appelle la *chemise à vapeur*. La chaleur cédée par cette vapeur combat la condensation, tant pendant l'admission que pendant la détente et le travail est plus grand; seulement, il y a une dépense supplémentaire de vapeur et l'économie définitive est minime.

2° Il est impossible de pousser la détente assez loin pour que la pression de la vapeur détendue ne surpasse pas celle du condenseur, au moment où celui-ci est mis en communication avec le corps de pompe; il en résulte que le cycle est *tronqué*. On remédie partiellement à ce défaut par l'emploi de plusieurs corps de pompe dans lesquels la détente se continue : c'est ce qui est réalisé dans les machines à *expansion multiple*.

Pour se rendre compte de l'influence que les différences de construction exercent sur le rendement des machines thermiques, il est commode de se servir du diagramme entropique. Représentons par un tel diagramme les transformations que 1^{kg} d'eau éprouverait dans une machine à vapeur parfaite. Comme exemple, nous prendrons pour la température du condenseur 17° et pour celle de la vapeur 178°, ce qui correspond à une pression de $10 \frac{cm^2}{kg}$.

L'état de l'eau dans le condenseur est pris pour l'état de repère à partir duquel on compte l'entropie; cet état est représenté par le point B du diagramme (*fig.* 37). La

Fig. 37.

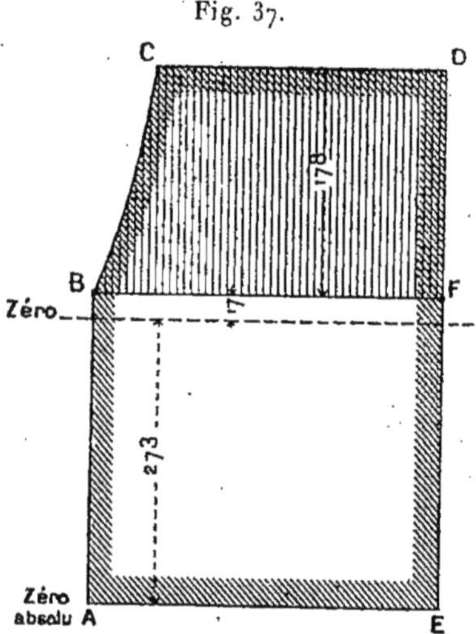

phase d'échauffement de l'eau liquide est représentée par la ligne BC, celle de vaporisation par l'horizontale CD;

puis vient la détente adiabatique DF, accompagnée de condensation partielle et d'abaissement de température qui se poursuit jusqu'à la température du condenseur, c'est-à-dire 17°; enfin, la condensation s'achève à la température du condenseur, et l'état initial est rétabli.

La quantité de chaleur prise au foyer pour accomplir ce cycle a pour valeur l'aire ABCDE; la quantité de chaleur rendue au condenseur est égale à l'aire ABFE; la quantité de chaleur transformée en travail est égale à l'aire BCDF. Ainsi la quantité de chaleur ABFE est pour nous inutilisable.

Tout se passe comme si ABCDE représentait la coupe d'un réservoir plein d'eau, le robinet de vidange de ce réservoir étant placé au niveau BF. Pour faire tourner une roue hydraulique, on ne pourrait utiliser que l'eau située au-dessus de BF (1).

Nous avons dit précédemment (p. 59 en note) que Carnot a été guidé par l'analogie entre la température d'une part et le niveau d'une masse d'eau, d'autre part.

Il y a aussi analogie entre l'entropie et le poids d'une quantité de matière, d'eau par exemple.

Cette représentation concrète montre de suite que l'aire du diagramme entropique est égale au travail total qui serait accompli par la pesanteur, si chaque petite masse d'eau représentant un élément d'entropie descendait d'une hauteur égale à la température absolue correspondante.

On voit également que les lignes adiabatiques sont les lignes d'entropie constante et par suite des droites parallèles à l'axe des températures.

Avec les pressions qu'on peut employer dans les machines à vapeur, l'aire BCDF est au plus égale au tiers de l'aire totale ABCDE. D'autre part, la chaudière prend au plus $\frac{75}{100}$

(1) Les renseignements techniques relatifs à la machine à vapeur que nous donnons ici sont empruntés en grande partie à une conférence faite à la Société industrielle de l'Est, par M. E. Hahn, directeur du Laboratoire de Mécanique appliquée à la Faculté des Sciences de Nancy, le 6 mai 1906.

de la chaleur produite par la combustion du charbon. Ainsi une machine idéale, sans frottement ni perte d'aucun genre, utiliserait au plus $\frac{25}{100}$ de la chaleur produite par la combustion.

Mais cette chaleur disponible est loin d'être utilisée entièrement dans les machines réelles. Prenons comme exemple une machine remarquable par les résultats qu'elle a fournis, construite par la maison Van Kerchove, de Gand; c'est une machine à double expansion de 250 chevaux. Malgré la perfection de cette machine, l'inspection de son diagramme entropique (*fig.* 38) montre des différences notables entre les surfaces théoriquement disponibles et les surfaces 1234, 1' 2' 3' 4' utilisées par les deux cylindres, différences qui indiquent des pertes importantes.

Fig. 38.

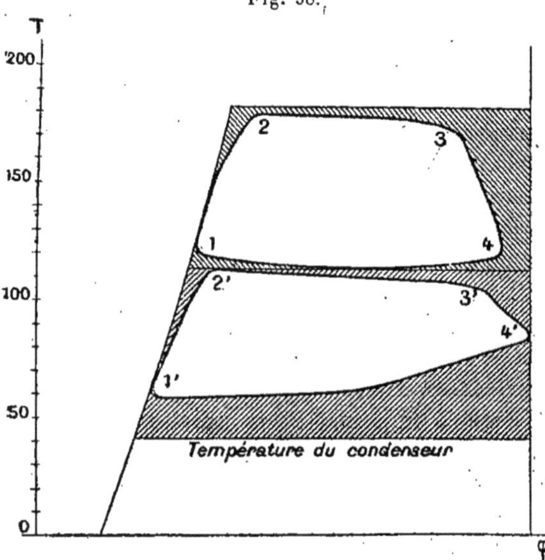

On appelle *rendement industriel* d'une machine thermique le quotient de l'équivalent en chaleur du travail qu'elle produit par la quantité de chaleur engendrée par la combustion au foyer. Pour d'excellentes machines à condenseur, ce rendement peut atteindre $\frac{12}{100}$, et pour des machines à échappement libre, $\frac{8}{100}$.

Le rendement industriel est donc très faible. Cela tient à trois causes : 1° $\frac{75}{100}$ au plus de la chaleur engendrée dans le foyer sont absorbés par la chaudière, le surplus s'échappant par la cheminée; 2° la chaleur absorbée par la chaudière n'est que partiellement transformée en travail : dans la réalité, la fraction transformée est toujours plus petite que si la machine fonctionnait suivant un cycle de Carnot; le nombre qui exprime cette fraction s'appelle le *rendement thermique*, c'est lui que l'on étudie exclusivement en Thermodynamique; 3° une certaine quantité de travail est absorbée par les mécanismes qui transforment le mouvement de va-et-vient du piston en mouvement circulaire continu.

Le moyen le plus efficace pour augmenter le rendement est actuellement la *surchauffe de la vapeur*. La surchauffe a pour effet, à la fois, d'élever la limite supérieure de la température et de combattre la perte par condensation pendant l'admission. La quantité de chaleur employée à la surchauffe est égale à l'aire EDGH sur le diagramme entropique (*fig.* 39). Ce diagramme montre que l'aire théorique est alors bien mieux remplie par l'aire réelle. Grâce à la surchauffe, on a pu obtenir des rendements industriels de 16 à 17 pour 100.

Pour avoir un plus grand écart des températures des sources chaude et froide, on a essayé des *machines à deux liquides*, dont l'idée première est due à Humphry Davy. Dans la machine de du Tremblay, une machine à vapeur d'eau, fonctionnant entre 150° et 100°, fait marcher par la chaleur qu'elle perd une machine à vapeur d'éther fonctionnant entre 100° et la température ambiante; cet essai intéressant ne réussit qu'imparfaitement, à cause des pertes d'éther. La même idée a été reprise récemment, par MM. Zimmermann, Behrend et Josse, en employant de l'acide sulfureux, de bons résultats ont été obtenus.

Les *machines à air chaud* ont cet avantage que, à une

température élevée, la pression y est bien moins grande que dans une machine à vapeur, puisque, lorsque la température s'élève de 273°, cette pression croît seulement

Fig. 39.

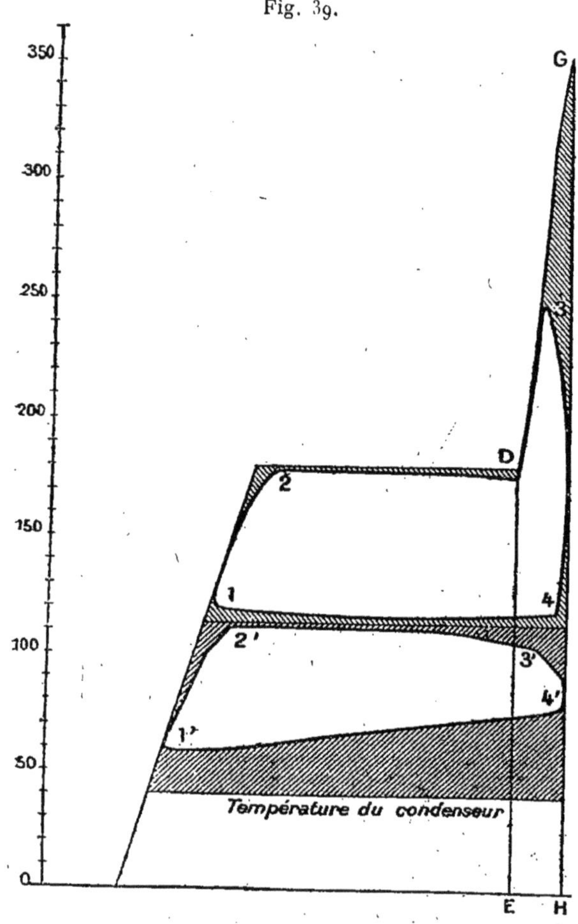

de 1^{atm}. Je citerai seulement pour mémoire les machines de Stirling (1816) et d'Ericson (1852-1856). Le cycle de la première était formé de deux isothermes et de deux parallèles à l'axe des pressions; le cycle de la seconde était formé de deux isothermes et de deux parallèles à l'axe des volumes.

En réalité, les machines à air chaud ont peu d'avantages sur les machines à vapeur : d'abord l'échauffement de l'air s'y fait dans des conditions défavorables; de plus, le métal des chaudières s'altère très vite; enfin, dans le réfrigérant, l'humidité de l'air se condense et les soupapes sont collées par la glace.

Les machines a vapeur à cylindre sont aujourd'hui le plus souvent remplacées pour les grandes puissances par des *turbines à vapeur*. Nous ne nous occuperons point de ces turbines; remarquons seulement que leur fonctionnement est aussi soumis aux deux principes de la Thermodynamique.

Emploi des machines thermiques pour effectuer des transports de chaleur.

Le jeu d'une machine thermique peut être renversé : on peut, en lui fournissant du travail, s'en servir pour prendre de la chaleur à un corps froid et en céder à un corps chaud : alors le corps froid est refroidi et le corps chaud est échauffé. Une machine fonctionnant ainsi peut être employée soit pour refroidir, soit pour échauffer. De là deux applications :

1° *Machines réfrigérantes ou frigorifiques.* — Ces machines enlèvent au corps à refroidir des calories qu'elles rejettent sur une autre source. Dans l'industrie du froid, on nomme *frigorie* chaque calorie ainsi enlevée au corps que l'on veut refroidir. Le rapport du nombre q' de frigories gagnées par la source froide à l'équivalent calorifique du travail $\mathfrak{T}r$ dépensé pour faire fonctionner la machine, $\dfrac{q'}{\left(\dfrac{\mathfrak{T}r}{E}\right)}$ s'appelle le *rendement* de la machine frigorifique;

en appelant T la température de la source chaude,

T' celle de la source froide, il a pour valeur $\frac{T'}{T - T'}$: il est donc d'autant plus grand que $T - T'$ est plus petit, et aussi que la température du corps à refroidir est plus élevée.

2° *Chauffage par transport de chaleur.* — Lord Kelvin a montré que le procédé le plus économique pour chauffer les édifices consiste à transporter sur l'air de ces édifices de la chaleur prise à un cours d'eau ou à un étang, au moyen d'une machine thermique actionnée à rebours par une machine à vapeur : on peut obtenir ainsi deux fois plus de chaleur, au moins, que si l'on eût brûlé le combustible dans un calorifère excellent.

CHAPITRE V.

DE L'ÉNERGIE.

Définition de l'énergie. — Ses différentes formes. Sa conservation.

Nous nous occuperons d'abord des phénomènes *exclusivement mécaniques.*

Un système de corps étant donné, on peut en tirer du travail mécanique de deux manières différentes : 1° en utilisant le travail des forces qui s'exercent entre les différents points matériels du système; 2° en utilisant les forces vives de ces points (¹).

Exemples : 1° L'eau d'un réservoir, en agissant sur une roue à augets, fait tourner la roue par son poids, qui est l'action mutuelle s'exerçant entre le globe terrestre et l'eau; 2° un boulet de canon, sorti de la pièce, produit des dégâts en accomplissant du travail mécanique, rien qu'en vertu de la vitesse acquise.

La quantité de travail qu'on peut obtenir en utilisant complètement les vitesses des différentes parties d'un système s'appelle son *énergie cinétique*, ou *actuelle*. La quantité de travail qu'on peut retirer d'un système en utilisant complètement les forces qui s'exercent entre ses différents points s'appelle son *énergie potentielle mécanique* (²).

(¹) Maurice Lévy.

(²) Le mot *énergie* a été employé pour la première fois dans le sens de travail mécanique par Jean Bernoulli (Lettre à Varignon du 27 janvier 1717); Thomas Young l'a employé pour désigner la force vive; l'expression *énergie potentielle* est due à Macquorn Rankine.

On appelle *énergie mécanique totale* du système la somme de son énergie cinétique et de son énergie potentielle; c'est donc le travail qu'on peut retirer du système en utilisant tant les forces que les vitesses.

L'énergie cinétique d'un système est égale à sa demi-force vive. Soit, en effet, un point quelconque du système dont la masse est m et dont la vitesse est v. Pour obtenir de cette masse en mouvement tout le travail possible, il faudra l'amener au repos; lors de cette opération le travail des forces extérieures jusqu'à l'arrêt complet sera $\frac{1}{2}m \times 0 - \frac{1}{2}mv^2$; maintenant, en vertu du principe de l'action et de la réaction, le point a exercé des forces égales et contraires à celles qui l'ont amené au repos : donc le travail accompli par ces forces est $\frac{1}{2}mv^2$; c'est le travail qu'on peut obtenir en utilisant la vitesse du point et, par suite, c'est son énergie cinétique.

L'énergie cinétique de tout le système, qui est évidemment égale à la somme de celles des points matériels qui le composent, n'est donc autre chose que sa demi-force vive.

Soit un système de points matériels ne recevant aucune action de l'extérieur, et, par conséquent, soumis exclusivement à leurs actions mutuelles. La Mécanique classique nous dit que les actions mutuelles qui s'exercent entre des points matériels sont dirigées suivant les droites qui les joignent deux à deux et ne dépendent que des distances qui les séparent (1). Si l'on désigne la distance de deux points par la lettre l, leur action mutuelle, estimée comme attraction, est ainsi de la forme $\varphi(l)$. Imaginons que le système éprouve une transformation infiniment petite; le travail élémentaire de cette attraction est, comme on sait, $-\varphi(l)\,dl$, ou, en posant $\varphi(l) = \psi'(l)$, $-d\psi(l)$. Pour le système entier, le travail élémentaire est

$$\Sigma[-d\psi(l)] = d[-\Sigma\psi(l)].$$

(1) *Voir* H. Poincaré, *La Science et l'Hypothèse*, p. 124.

Donc, quand le système passe d'un état (1) à un état (2), le travail total des actions mutuelles est l'accroissement correspondant de $-\Sigma\psi(l)$. Le théorème des forces vives s'écrit alors

$$\frac{1}{2}\Sigma mv_2^2 - \frac{1}{2}\Sigma mv_1^2 = -\Sigma\psi(l_2) + \Sigma\psi(l_1).$$

Désignons maintenant par l'indice n l'état auquel il faudrait amener le système pour en tirer tout le travail possible, en utilisant complètement les forces mutuelles qui s'exercent entre les points qui composent le système. On peut écrire l'équation précédente sous la forme

$$\frac{1}{2}\Sigma mv_2^2 + \Sigma\psi(l_2) - \Sigma\psi(l_n)$$
$$= \frac{1}{2}\Sigma mv_1^2 + \Sigma\psi(l_1) - \Sigma\psi(l_n).$$

Or $\Sigma\psi(l_1) - \Sigma\psi(l_n)$ représente le travail accompli par les forces mutuelles du système lors du passage de l'état (1) à l'état (n), autrement dit, l'énergie potentielle du système dans l'état (1); donc le premier membre est l'énergie mécanique totale du système dans l'état (2), et le second membre est l'énergie mécanique totale du système dans l'état (1). L'équation signifie donc que *l'énergie mécanique totale d'un système matériel n'est pas altérée par le développement des actions mutuelles qui agissent entre ses différents points.*

Considérons maintenant le cas général, dans lequel se passent non seulement des actions mécaniques, mais aussi des actions calorifiques, électriques, magnétiques, chimiques, etc.

A l'aide d'une machine thermique, une quantité déterminée de travail mécanique peut être obtenue grâce à la disparition d'un certain nombre de calories : par conséquent, conformément à la définition du mot *énergie*, une quantité de chaleur doit être considérée comme une quantité d'énergie égale à son équivalent mécanique; en d'autres termes, une quantité de chaleur q est une quantité d'énergie égale à E q.

Lorsque des forces extérieures agissant sur un système accomplissent un travail $\mathfrak{T}r$, ce travail doit être compté comme un gain d'énergie fait par ce système, puisqu'il pourrait être employé à augmenter de $\mathfrak{T}r$, soit l'énergie cinétique, soit l'énergie potentielle, soit l'énergie calorifique du système; d'après cela, le travail extérieur relatif à un système doit être considéré comme de l'énergie cédée par ce système aux corps extérieurs.

L'état d'un système étant défini à l'aide de variables x, y, ..., le principe de l'équivalence nous apprend que $E\,dq - d\mathfrak{T}r$ est une différentielle exacte; autrement dit, $E\,dq - d\mathfrak{T}r$ est la différentielle d'une certaine fonction F des variables, déterminée à une constante près, et l'on a

$$E\,dq - d\mathfrak{T}r = dF(x, y, \ldots).$$

Ceci n'a été, il est vrai, établi précédemment que dans le cas de deux variables, mais la généralisation pour un nombre quelconque de variables est évidente.

Supposons maintenant que le système passe d'un état (1) à un état (2). Soient q la quantité de chaleur absorbée et $\mathfrak{T}r$ le travail extérieur accompli lors de cette transformation; soit ΔF la variation correspondante de F; on a

$$Eq - \mathfrak{T}r = \Delta F(x, y, \ldots).$$

Si nous désignons par q' la quantité de chaleur cédée par le système aux corps extérieurs, on a $q' = -q$, et la proposition précédente donne

$$Eq' - \mathfrak{T}r = -\Delta F(x, y, \ldots),$$

ce qui s'énonce ainsi : la quantité d'énergie que le système a cédée aux corps extérieurs a pour valeur la diminution correspondante de la fonction F $(x, y, \ldots)$.

Maintenant, $\Delta F(x, y, \ldots)$ est la valeur d'une quantité d'énergie déterminée par les états (1) et (2) du système :

on est alors conduit à considérer la fonction $F(x, y, ...)$ comme représentant une quantité d'énergie *appartenant physiquement au système* et dépendant des phénomènes relatifs à son état, tels que le mouvement de ses parties, ses déformations, son volume, sa température, son électrisation, sa composition chimique, etc.; pour cette raison, on a donné à la fonction $F(x, y, ...)$ le nom d'*énergie propre du système*. Cette fonction n'est, du reste, déterminée qu'à une constante près (1).

Si l'on adopte cette interprétation, l'équation précédente s'énonce ainsi : lors d'une transformation, la quantité d'énergie gagnée par les corps extérieurs est perdue par le système; ou bien l'énergie de l'ensemble du système et des corps extérieurs demeure la même; ou bien encore, en englobant dans un système unique le système considéré et les corps extérieurs : *l'énergie d'un système de corps demeure inaltérée malgré le développement des actions que ces corps exercent les uns sur les autres*. Ces actions changent la forme de l'énergie, mais n'en altèrent pas la quantité totale.

La proposition qui vient d'être énoncée sous plusieurs formes porte le nom de *principe de la conservation de l'énergie;* c'est en réalité le principe de l'équivalence interprété moyennant une hypothèse. Cette interprétation est licite, et, comme elle est commode, il convient de l'adopter.

Dans la fonction $F(x, y, ...)$, il y a lieu de faire deux parts : l'une se rapportant à l'état de mouvement du système et qui est son énergie cinétique $\frac{1}{2}\Sigma mv^2$; l'autre, que nous désignerons par $U(x, y, ...)$. D'après cela, nous poserons

$$F(x, y, \ldots) = \frac{1}{2}\Sigma mv^2 + U(x, y, \ldots).$$

La partie $U(x, y, ...)$ de l'énergie est appelée, par oppo-

(1) *Voir* Note A, p. 117.

sition à l'énergie cinétique ou visible $\frac{1}{2} \Sigma mv^2$, l'*énergie interne* du système. Dans le cas, qui se présente très souvent en Thermodynamique, où le système est en repos, ou reprend la même vitesse, la variation d'énergie cinétique est nulle; on peut alors écrire

$$Eq = \mathfrak{T}r + \Delta U(x, y, \ldots),$$

Dans le cours de cet Ouvrage, nous avons établi la règle suivante pour exprimer le principe de l'équivalence : écrire que $E\,dq - d\mathfrak{T}r$ est une différentielle exacte; nous voyons que cette expression est la différentielle de U, énergie interne du système. Lorsque le système est en mouvement, $E\,dq - d\mathfrak{T}r$ est la différentielle de son énergie totale F.

Dans le cas le plus général, on a

$$Eq = \mathfrak{T}r + \Delta F(x, y, \ldots),$$

ce qui signifie que *l'équivalent mécanique de la quantité de chaleur fournie au système pourvoit tant au travail extérieur qu'à l'accroissement de l'énergie du système.*

On peut se représenter l'énergie comme une *provision*, ou, suivant l'expression de Barré de Saint-Venant, comme un *capital dynamique* [1]. « Ce capital est indestructible par des actions mutuelles, et ce mode de représentation est extrêmement commode par son analogie avec la manière dont se comporte la matière, laquelle peut aussi se transformer, mais dont la quantité totale (la masse) est invariable. De même que la masse totale d'un corps est représentée par la somme des masses des substances chimiques qui le composent, de même l'énergie d'un corps se compose des diverses espèces d'énergie de ce corps, et l'on peut suivre les changements et transformations de ces

---

[1] Voir *Mémoire sur les théorèmes de la Mécanique générale*, par A. Barré de Saint-Venant, ingénieur des Ponts et Chaussées à Rethel, présenté à l'Académie des Sciences le 14 avril 1834.

diverses espèces d'énergie dans le plus petit détail, comme on le fait pour les transformations de la matière [1]. »

C'est cette analogie entre l'énergie et la matière qui a vulgarisé la théorie de l'énergie interne parce qu'elle rend le principe de l'équivalence accessible sans le secours des Mathématiques.

Application à la Thermochimie.

Supposons qu'une réaction chimique ait lieu entre les corps d'un système, et soit ΔU la variation correspondante de l'énergie de ce système. Le principe de l'état initial et de l'état final prend dans ce cas une forme plus simple, parce que le travail extérieur est nul ou négligeable, attendu que, lorsqu'il s'agit de corps solides ou liquides, la variation de volume est extrêmement petite, et que, lorsqu'il s'agit de gaz, si la réaction se fait, comme d'habitude, en vase clos, la variation de volume est nulle; on a alors l'énoncé suivant :

Si un système de corps simples ou composés, pris dans des conditions déterminées, éprouve des changements physiques ou chimiques capables de l'amener à un nouvel état, sans donner lieu à aucun effet mécanique extérieur, la quantité de chaleur dégagée ou absorbée par l'effet de ces changements dépend uniquement de l'état initial et de l'état final du système; elle est la même, quelles que soient la nature et la suite des états intermédiaires.

D'autre part, l'équation

$$-\Delta U = Eq' + \mathfrak{T}r$$

se réduit dans le cas présent à

$$-\Delta U = Eq',$$

ce qui signifie que *la quantité de chaleur dégagée dans*

---

[1] M. Planck, *Das Princip der Erhaltung der Energie.*

une réaction mesure la diminution correspondante de l'énergie du système.

Le principe de l'état initial et de l'état final, qui joue un rôle capital dans la détermination des chaleurs de combinaison, « peut être regardé comme le résumé de toutes les expériences qui ont été faites jusqu'à ce jour en Thermochimie. En effet, les conséquences auxquelles il conduit ont été vérifiées si souvent et de tant de manières, qu'on ne saurait élever de doute vraisemblable sur la légitimité des principes » [1].

Énergie intérieure des gaz.

La loi de Joule nous apprend que, lorsqu'une masse de gaz change de volume sans changer de température, il y a équivalence entre la quantité de chaleur q absorbée par le gaz et le travail extérieur $\mathfrak{T}r$; lors d'une transformation satisfaisant à ces conditions, on a donc $\mathrm{E}\,q - \mathfrak{T}r = 0$; autrement dit, l'énergie interne ne varie pas. On peut, par conséquent, exprimer la loi de Joule en disant que *l'énergie interne d'une masse gazeuse dépend seulement de sa température, et non de son volume.*

---

(1) Berthelot, *Essai de Mécanique chimique*, t. I, p. 9.

NOTE A.

CONDITION POUR QU'UNE EXPRESSION DE LA FORME $M\,dx + N\,dy$ SOIT UNE DIFFÉRENTIELLE EXACTE.

La différentielle d'une fonction de deux variables x et y est une expression de la forme $M\,dx + N\,dy$, M et N désignant par abréviation deux fonctions $M(x, y)$ et $N(x, y)$ de x et de y; mais, par contre, une expression de la forme $M\,dx + N\,dy$ n'est pas toujours la différentielle d'une fonction de x et de y ; autrement dit, il n'existe pas toujours une fonction de x et de y ayant cette expression pour différentielle totale.

Pour que $M\,dx + N\,dy$ soit la différentielle totale d'une fonction de x et de y, ou, comme on dit, soit une différentielle exacte, il faut qu'on ait

$$\frac{\partial M}{\partial y} = \frac{\partial N}{\partial x};$$

cette condition est à la fois nécessaire et suffisante.

1° *La condition est nécessaire.* — Supposons qu'il existe une fonction de x et de y dont $M\,dx + N\,dy$ soit la différentielle totale, et soit $F(x, y)$ cette fonction. Puisque M est la dérivée de $F(x, y)$ par rapport à x, on doit avoir

$$F(x, y) = \int_{x_0}^{x} M\,dx + V, \tag{1}$$

x_0 désignant une valeur quelconque donnée à x et V une quantité indépendante de x, mais pouvant dépendre de y.

Maintenant, la dérivée de $F(x, y)$ par rapport à y étant N, on doit avoir

$$N = \frac{\partial}{\partial y}\int_{x_0}^{x} M\,dx + \frac{dV}{dy},$$

ou bien, d'après la règle de dérivation d'une intégrale définie,

$$N = \int_{x_0}^{x} \frac{\partial M}{\partial y}\,dx + \frac{dV}{dy};$$

on tire de là

$$(2) \qquad \frac{dV}{dy} = N - \int_{x_0}^{x} \frac{\partial M}{\partial y}\, dx.$$

Le premier membre étant indépendant de x, le second doit l'être aussi, et sa dérivée par rapport à x doit être identiquement nulle; on a ainsi

$$\frac{\partial N}{\partial x} - \frac{\partial M}{\partial y} = 0.$$

La condition est donc nécessaire.

2° *La condition est suffisante.* — En effet, on sera certain que la fonction F (x, y) définie par l'équation (1) a pour dérivées partielles M et N, et, par suite, pour différentielle totale $M\,dx + N\,dy$, si l'on peut déterminer une fonction V de y seul satisfaisant à l'équation (2).

Or, puisque l'on a par hypothèse

$$\frac{\partial M}{\partial y} = \frac{\partial N}{\partial x},$$

l'équation (2) peut s'écrire

$$\frac{\partial V}{\partial y} = N - \int_{x_0}^{x} \frac{\partial N}{\partial x}\, dx;$$

ou bien

$$\frac{\partial V}{\partial y} = N(x, y) - [N(x, y) - N(x_0, y)] = N(x_0, y);$$

on en tire

$$V = \int_{y_0}^{y} N(x_0, y)\, dy,$$

y_0 désignant une valeur quelconque donnée à y; comme V ne dépend que de y, la condition est suffisante.

Ce qui précède montre que la fonction

$$F(x, y) = \int_{x_0}^{x} M(x, y)\, dx + \int_{y_0}^{y} N(x_0, y)\, dy$$

donne une solution du problème; toute autre solution ne diffère de celle-là que par une constante, car la différence entre deux solutions, ayant une différentielle totale nulle, est une constante indépendante de x et de y.

NOTE B.

INTÉGRATION DE L'EXPRESSION $dz = \mathrm{M}\,dx + \mathrm{N}\,dy$ DANS LE CAS OU LA CONDITION $\frac{\partial \mathrm{M}}{\partial y} = \frac{\partial \mathrm{N}}{\partial x}$ N'EST PAS REMPLIE.

L'intégration peut être définie de deux manières différentes; soit comme l'opération inverse de la différenciation, soit comme une opération ayant pour objet la sommation de quantités infiniment petites. Dans le cas d'une seule variable indépendante, ces opérations sont complètement équivalentes.

Il n'en est pas de même en général dans le cas de deux (ou de plusieurs) variables. En effet, soit l'expression différentielle

$$dz = \mathrm{M}\,dx + \mathrm{N}\,dy;$$

supposons que la condition

$$\frac{\partial \mathrm{M}}{\partial y} = \frac{\partial \mathrm{N}}{\partial x}$$

ne soit pas remplie. Il n'est pas possible de définir l'intégration comme l'inverse de la différentiation, puisqu'il n'existe pas de fonction de x et de y qui ait dz pour différentielle totale. Au contraire, si l'on entend par intégration la sommation des éléments dz lorsqu'on donne la manière dont x et y varient simultanément, l'opération a une signification et peut être effectuée.

On la définit comme la sommation des valeurs de dz lorsque x et y passent d'une manière *déterminée* d'un couple de valeurs x_1 et y_1 à un autre couple de valeurs x_2 et y_2.

Portons en abscisses les valeurs de x et en ordonnées les valeurs de y (*fig.* 40). Soient 1 et 2 deux points, dont les coordonnées sont respectivement x_1 et y_1 et x_2 et y_2. Soit $y = \varphi(x)$ l'équation qui exprime la relation qui relie x et y pendant la sommation, autrement dit l'équation du chemin suivi par le point variable ayant pour coordonnées x et y pendant son trajet de 1 à 2; il s'agit d'effectuer somme des quantités $dz = \mathrm{M}\,dx + \mathrm{N}\,dy$ lorsque le point xy a parcouru ce chemin.

L'équation du chemin donne $dy = \varphi'(x)\,dx$. Si, maintenant, dans la valeur de dz on substitue à y et dy leurs valeurs en fonction de x, et de dx, on a

$$\int_1^2 dz = \int_{x_1}^{x_2} \{ M[x, \varphi(x)] + N[x, \varphi(x)]\varphi'(x) \} dx,$$

quantité qui s'obtient par une intégration ordinaire; c'est la somme cherchée, laquelle a, comme on le voit, une valeur bien définie et déterminée pour chaque chemin suivi entre 1 et 2.

Fig. 40.

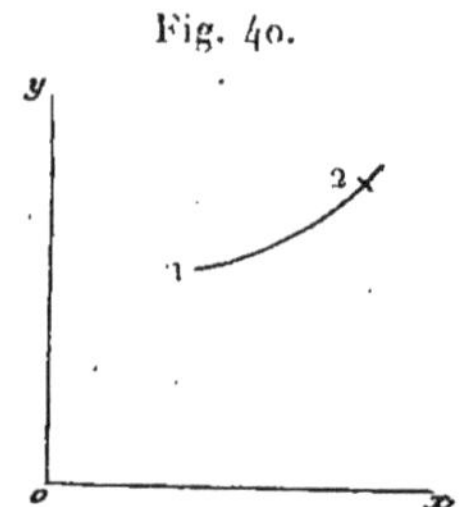

Ainsi, il est toujours possible d'effectuer la sommation

$$\int M\,dx + N\,dy,$$

que la condition $\frac{dM}{dy} = \frac{dN}{dx}$ soit remplie ou non. Une telle somme s'appelle une *intégrale curviligne*.

Toutefois, il y a une distinction capitale à faire; nous allons voir en effet que, lorsque la condition $\frac{dM}{dy} = \frac{dN}{dx}$ est remplie, la somme ne dépend que des valeurs extrêmes de x et y, et est indépendante du chemin suivi pour l'intégration entre ces deux limites; et que, au contraire, lorsque la condition n'est pas remplie, la somme dépend de ce chemin, et les limites seules ne suffisent pas pour la déterminer. En d'autres termes, *la condition nécessaire et suffisante pour que la somme ne dépende que des limites du chemin d'intégration est qu'on ait*

$$\frac{\partial M}{\partial y} = \frac{\partial N}{\partial x}.$$

1° *La condition est nécessaire.* — Considérons un point fixe A_0 et un point variable A de coordonnées x et y (*fig.* 41). Si la somme ne dépend que des limites du chemin suivi $\int_{A_0}^{A} dz$ est une fonction des coordonnées de A; soit F (x, y) cette fonction.

A′ désignant une autre position du point variable, dont les coordonnées sont x' et y', on a, dans l'hypothèse faite,

$$\int_{A}^{A'} dz = \int_{A_0}^{A'} dz - \int_{A_0}^{A} dz = F(x', y') - F(x, y).$$

Si maintenant on suppose que A′ soit infiniment voisin de A, l'équation précédente se réduit à

$$dz = d\,F(x, y);$$

donc $M\,dx + N\,dy = dz$ est la différentielle d'une fonction de x et de y, et, par suite, on a

$$\frac{\partial M}{\partial y} = \frac{\partial N}{\partial x}.$$

Fig. 41.

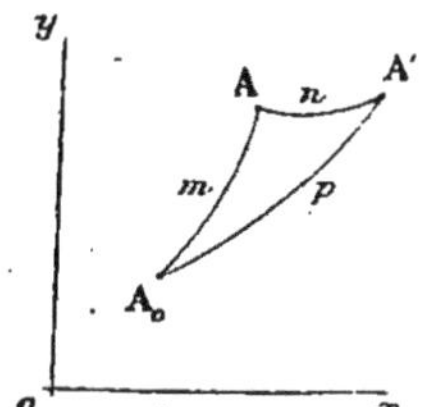

2° *La condition est suffisante.* — Car, lorsqu'elle est remplie, $M\,dx + N\,dy$ est la différentielle d'une certaine fonction $F(x, y)$ définie à une constante près, et, par suite, pour tout chemin d'intégration suivi entre deux points quelconques 1 et 2, on a

$$\int_{x_1, y_1}^{x_2, y_2} M\,dx + N\,dy = \int_{x_1, y_1}^{x_2, y_2} d\,F(x, y) = F(x_2, y_2) - F(x_1, y_1),$$

quantité indépendante du chemin d'intégration suivi.

Ce qui précède montre que : *une intégrale curviligne de différentielle exacte est égale à la différence des valeurs que prend une intégrale indéfinie quelconque de cette différentielle aux limites d'intégration.*

Si le chemin d'intégration est un contour fermé, les deux extrémités du chemin coïncident, et, par conséquent : *une intégrale cur-*

viligne de différentielle exacte, prise le long d'un contour fermé, est nulle (¹).

D'après ce qui précède, une expression différentielle de la forme $M\,dx + N\,dy$ étant donnée, il revient au même de dire :

1° Ou bien que l'intégrale $\int M\,dx + N\,dy$ le long d'un contour fermé est nulle;

2° Ou bien que l'intégrale $\int M\,dx + N\,dy$ prise le long d'un chemin non fermé ne dépend que des extrémités de ce chemin;

3° Ou bien que l'expression $M\,dx + N\,dy$ est une différentielle exacte;

4° Ou bien qu'on a

$$\frac{\partial M}{\partial y} = \frac{\partial N}{\partial x}.$$

(¹) Ceci suppose que la fonction $F(x, y)$, intégrale indéfinie de $dz = M\,dx + N\,dy$, reprenne la même valeur lorsque le point (x, y) revient au point de départ après avoir décrit le contour fermé. Cette condition est toujours remplie dans les applications physiques qui font l'objet du présent Ouvrage, comme cela résulte du principe de l'équivalence et de l'équation de Clausius.

FIN.

TABLE DES MATIÈRES.

CHAPITRE II.

Étude spéciale des gaz.

CHAPITRE III.

Second principe de la Thermodynamique ou principe de Carnot.

CHAPITRE IV.

Application des principes de la Thermodynamique.

CHAPITRE V.

De l'énergie.

NOTES.

FIN DE LA TABLE DES MATIÈRES.

PARIS. — IMPRIMERIE GAUTHIER-VILLARS ET Cie
Quai des Grands-Augustins, 55.
82647-28

[illegible]

BOUSSINESQ (J.), Membre de l'Institut, Professeur à la Faculté des Sciences de l'Université de Paris. — *Théorie analytique de la chaleur mise en harmonie avec la Thermodynamique et avec la Théorie mécanique de la lumière.* (Cours de la Faculté des Sciences.) [illegible]

[illegible]

www.ingramcontent.com/pod-product-compliance
Ingram Content Group UK Ltd.
Pitfield, Milton Keynes, MK11 3LW, UK
UKHW021536260726
13993UKWH00002B/521

9 782329 204062